农业区域合作的北京实践

◎任 荣 谷 莘 刘 树 等编著

中国农业科学技术出版社

图书在版编目（CIP）数据

农业区域合作的北京实践／任荣等编著 . —北京：中国农业科学技术
出版社，2021. 5

ISBN 978-7-5116-5295-9

Ⅰ.①农… Ⅱ.①任… Ⅲ.①农业合作-研究-北京 Ⅳ.①F321. 4

中国版本图书馆 CIP 数据核字（2021）第 077083 号

责任编辑 史咏竹
责任校对 李向荣
责任印制 姜义伟 王思文

出 版 者 中国农业科学技术出版社
北京市中关村南大街 12 号 邮编：100081
电 话 (010)82105169(编辑室) (010)82109702(发行部)
(010)82109709(读者服务部)
传 真 (010)82109707
网 址 http：//www.castp.cn
经 销 者 各地新华书店
印 刷 者 北京建宏印刷有限公司
开 本 710mm×1 000mm 1/16
印 张 9. 25 彩插 4 页
字 数 157 千字
版 次 2021 年 5 月第 1 版 2021 年 5 月第 1 次印刷
定 价 46. 00 元

《农业区域合作的北京实践》
编著人员

任　荣　谷　莘　刘　树　张　岩

马俊哲　刘　雯　阚丽虹　郑玲俐

王方君　姜晨希　郑红宇　于京建

前　言

区域经济一体化是生产力发展到一定阶段的必然要求和趋势，而农业合作是区域经济合作和协调发展的重要组成部分。

多年来，北京市农业管理部门按照市委、市政府与兄弟省市签署的合作框架协议精神，积极履行职能，长期开展了与河北、内蒙古①、山西等省（区）的农业区域合作。区域合作的最终目标是要实现双方的合作共赢。北京市农业管理部门一直以此为指导思想，一方面帮助合作地区发展当地优势特色产业，促进当地农民增收致富，另一方面通过落实两地合作部门间的沟通、联系制度，定期就合作进展情况、存在的问题及发展趋势等重大事宜进行协商，实现区域协调发展，确保区域合作健康有序开展，同时丰富了首都的市场，保障了首都市场供应，并促成了一些农业合作项目，投建了一批规模农产品生产和加工基地，农业区域合作取得了实质进展，构建了农产品绿色通道网络，促进了地区间农产品的有序流通，强化了政府间合作平台的作用，推动农业合作向纵深发展，取得了较好的效果。

北京农业区域合作可以分为3个阶段，包括试探起步阶段、兴起发展阶段、拓展深化阶段。我们认为，农业区域合作要坚持以政府为主导、企业为主体的原则，政府主要是加强规划和协调，制定鼓励合作的政策措施，创造良好的发展环境，引导国有涉农企业、农业龙头企业及农民专业合作社进行组织结构、产品结构和技术结构调整，要充分发挥作用，

---

① 内蒙古自治区，全书简称内蒙古。

推动区域农业合作健康发展，要充分发挥市场的资源配置作用，以企业作为合作的主体，依法自主决策投资经营。在农业区域合作工作中，我们以政府间合作为纽带，签署合作协议，以各类涉农企业为合作载体，建立涉农龙头企业多种合作机制，通过召开推介会、洽谈会、交流考察等形式，推动企业合作，从而促进农业区域合作的开展。

如今，北京农业区域合作有了新的发展，在合作方式上有所变化，在发展规模上有所扩大，在生产技术上有所提高，在经营模式上有所突破。在京津冀协同发展、大力推进农业供给侧改革、着力促进乡村一二三产业融合发展的新形势下，北京农业区域合作与协调发展的模式与方法不断创新，主要是产购销项目合作、特色产业基地建设合作、人力资源培训、服务平台现代化建设、基地设施建设和品牌建设。北京农业区域合作近年来发展较快，北京和承德、北京和张家口、北京和吉林、北京和山西、北京和新疆①的农业区域合作均取得了丰硕成果。北京农业区域合作与协调发展具有重要的理论意义和实用价值，丰富了我国区域农业经济科学内涵，体现了科学发展观和区域协调发展的理论逻辑，体现了社会主义和谐社会建设的根本要求，有利于提高北京市农产品供给的控制率，有利于加快区域现代农业体系建设。进一步加快推进北京农业区域合作与协调发展，必须全面贯彻落实党的十九大精神，按照中共中央关于加快发展现代农业的要求，坚持科学发展观的指导，加强规划、系统指导、合理运作、与时俱进，整合优势资源，提高农业综合生产能力和农产品市场竞争力，稳步推进北京农业区域合作与协调发展，加快北京都市型现代农业发展。北京都市型现代农业正在通过一系列战略举措的实施，稳步迭代，引发行业内认同与共鸣，不断谋求新的发展。

产业成熟的标志是分工与合作。中共中央提出的京津冀协同发展战

---

① 新疆维吾尔自治区，全书简称新疆。

略将为北京农业提供更大的发展空间。北京农业必须走出去，不但要打破北京区域内的行政区划界限，更要在京津冀乃至全国范围内寻求发展机会和空间。未来的北京农业，科技、资本、品牌、信息及创意资源优势将会最大限度地发挥出来，通过与外埠的土地、劳动力、区位等资源结合，推动北京农业在不断疏解城市功能的过程中，迎来新机遇，实现新发展。一批以北京农业企业为龙头、以相关地区为基地、以北京乃至全国为市场的跨区域产业链正形成规模。同时，北京企业投资的遍布全国的粮食、果蔬生产基地，也构建起生态链条，为北京和其他地区提供品种丰富、质量优良的产品。

本书是在北京市农村经济研究中心的"北京农业区域合作与协调发展研究"课题基础上，作者又多次赴北京郊区、河北、内蒙古、安徽、吉林、山西等地进行案例调研后完成的。由于编著者水平有限，书中难免存在不妥之处，恳请读者批评指正。

编著者

2021 年 1 月

目　录

第一章　北京农业区域合作的
必要性及重要意义

2005 年 1 月，国务院批复的《北京城市总体规划（2004 年—2020 年)》（以下简称《规划》）进一步明确了北京城市性质和 4 个定位，即"国家首都、世界城市、文化名城、宜居城市"，这 4 个定位决定了北京农业在北京城市发展中的定位。北京城市的重新定位，尤其是北京建设空气清新、环境优美、生态良好、宜居城市的战略要求，对北京都市型现代农业的发展方向提出了战略要求，蕴藏着区域合作与发展的巨大机会。同时，《规划》中北京已经把京津冀都市圈作为北京发展的重要条件，指出"由北京、天津和河北的唐山、承德、张家口、保定、廊坊、秦皇岛、沧州 7 座城市组成的京津冀地区是中国经济社会发展的重要区域""京津冀地区的整体发展将为北京城市持续快速发展提供支持""京津冀都市圈其内部的合作对各组成地区的经济社会发展具有重要意义。因此加强与周边地区合作，建立与外埠基地横向联系的合作农业发展圈，已正式成为北京农业战略的有机组成部分"（马同斌等，2008）。

一、北京与外省（区、市）农业区域合作的重要性

（一）农业跨区域合作是建设现代农业体系的重要动力

现代农业体系的一个重要特征就是科技含量高，农业跨区域合作有利于实现农业科学技术的跨区域交流，提高农业科学技术欠发达地区的农业科技水平，加快现代农业体系建设。

（二） 农业区域合作是实现区域协调发展的重要途径

区域协调发展是科学发展观的重要内容。区域协调发展包括农业的区域协调发展，加强农业区域合作，有利于提高欠发达地区农业发展水平，缩小与发达地区的农业发展差距，实现区域农业的协调发展。

（三） 农业区域合作是京津冀农业协同发展的重要战略

京津冀协同发展战略作为中国区域经济发展过程中的重要战略，是打造京津冀都市圈的基本战略之一。在京津冀协同发展战略中，农业协同发展是至关重要的。2014 年，京津冀协同发展战略构想被首次提出；2015 年，京津冀三地协同制定了《京津冀休闲农业协同发展产业规划》，标志着京津冀协同发展战略迈出了坚实的一步。

二、北京与外省（区、市）农业区域合作的必要性

（一） 北京日益扩大的市场需求与本地供给不足之间的矛盾

加强北京市与外省（区、市）农业区域合作，是解决首都日益扩大的农产品供应需求与本地供给不足的必然要求。农产品供应充足与否，关系广大市民的切身利益，同时也是影响社会稳定的重要因素。北京是拥有 2150 万人口的特大城市，农产品需求量大，同时由于北京的经济地理条件，其农产品自给率低。基于上述供需矛盾，必须加强与外省（区、市）的农业区域合作。

（二） 北京周边地区农业发展的需要

北京周边的张家口、承德、保定、廊坊等地在现代农业发展方面缺乏技术、资金、市场渠道等资源，农业产业结构调整步伐缓慢。北京周边地区要加快现代农业建设，必须从外面引进资金、技术支持。

（三） 京津冀协同发展的需要

实现京津冀协同发展，是面向未来打造新的首都经济圈、推进区域发

展体制机制创新的需要，是探索完善城市群布局和形态、为优化开发区域发展提供示范和样板的需要，是探索生态文明建设有效路径、促进人口经济资源环境相协调的需要，是实现京津冀优势互补、促进环渤海经济区发展、带动北方腹地发展的需要，是一个重大国家战略，因此要坚持优势互补、互利共赢、扎实推进。

三、北京与外省（区、市）拓展区域合作的必然性

（一）经济全球化导致国际竞争国内化、国内竞争区域化、区域发展一体化，因此发展"一合多赢"的跨区合作成为各地区可持续发展的重要措施

我国农业面对国际市场，迫切需要整合农业生产资源，提升农业竞争力。通过发展异地农业，进行农业产业要素跨区域整合，对我国农业竞争力的提高、农业的新增长及农业产业化的发展具有重要意义。加入世界贸易组织（WTO）后，我国面临的提高农产品国际市场竞争能力的问题尤为突出，推进农业产业结构战略性调整和农业区域布局优化的任务十分紧迫、十分艰巨。运用比较优势原则调整农业结构，进行农业区域布局，发展特色农业是提高我国农业竞争力的一个长期的重要任务。农业部[①]先后发布了《优势农产品区域布局规划（2003—2007年）》《特色农产品区域布局规划（2006—2015年）》《全国优势农产品区域布局规划（2008—2015年）》，这些都是我国推进农业结构战略性调整的重要举措。《优势农产品区域布局规划（2003—2007年）》的基本思路是选择自然条件好、生产规模大、产业化基础强、区位优势明显的主产区，充分发挥农业比较优势，实施非均衡发展战略，做大做强一批优势产区，重点培育一批优势农产品，尽快提高市场竞争力，带动我国农业整体素质提高，形成科学合理的农业生产力布局，推进农业现代化（邓兰兰，2006）。

区域经济合作是区域生产力发展的内在要求，是适应当今世界经济发展两大时代潮流——区域经济一体化与经济全球化的必然选择。加强区域

---

①　中华人民共和国农业部，全书简称农业部。2018年3月，国务院机构改革，将其职能整合，组建中华人民共和国农业农村部，简称农业农村部。

农业经济合作，对于促进区域农业生产要素自由流动，获取区域内地区间的经济聚集和互补效应，提高市场配置效率，减少重复建设，提高专业化分工水平，优化产业结构和布局，打造区域农业品牌，提升区域农业综合竞争力，实现区域经济可持续发展具有重要的意义。区域经济可持续发展的实质为集约型的生产方式和节约型的消费方式，是既能满足当代人的需求，而又不对满足后代人需求能力构成危害的发展（刘娜，2006）。

纵观世界城市的发展，在中心城市周围都有发达的经济腹地支撑，而且有合理的职能分工。北京建设成为世界城市，同样需要周边区域提供强有力的腹地支持，否则"一极独大"，难以实现城市的可持续发展。目前，北京的经济"腹力"明显不足，落后的周边区域会制约北京经济的发展，不利于北京世界城市目标的实现。北京市拥有 2150 万名常住人口，土地面积为 1.64 万平方千米，属于都市型现代农业。加入世界贸易组织（WTO）以来，我国政府加强了对北京农业发展的政策支持，但由于北京人口密度太大，本地区农产品尤其是品牌农产品供不应求，农产品价格也不断提高，现以输入外地农产品为主，同时，北京过度膨胀的人口，亟须向周边的中小城镇转移（杨维凤，2011）。因此，促进周边地区的发展，为北京建设世界城市提供强有力的区域支撑，对于北京建设世界城市具有重要的战略意义。

（二）我国市场经济体制日趋完善，市场化程度提高，市场配置资源的作用程度明显增强，催生跨区域生产要素市场的整合

市场是连接生产和需求的纽带，是区域间要素交换关系的总和。通过商品市场、劳动力市场、资本市场以及技术市场等市场网络系统，不同区域间的产品和要素实现供求交换，区域合作得以实现。当一方区域有较好的资源丰裕度，而另一方区域的产业特点表现为以资源开发型产业或资源消耗型产业为主导时，就可以通过合作，实现区域间产业链的重新整合，使产业链更趋完整。区域合作的本质在于发挥市场配置资源的基础性作用，最终形成统一市场，降低整个区域内部的平均资源配置成本。要素的跨区域流动有利于资源配置效率的提高，农业产业要素的跨区域整合，可以实现优势要素的结合，降低成本，增强农业竞争力。流动性强的资本、技术等要素流向不可流动的土地等自然资源成为农业产业要素跨区域整合的主

要方式。

加强农业区域合作是区域生产力发展的内在要求。加强区域的交往与合作，对于促进区域内的贸易自由化、农业生产要素自由流动，获取区域内的经济聚集和互补效应，提高市场配置效率，减少重复建设，提高专业化分工水平，优化产业结构和布局，打造区域农业品牌，提升区域农业综合竞争力具有重要的意义（马同斌等，2008）。

北京地区人多地少，耕地资源不足，水资源严重贫乏，生态环境较脆弱，农业发展空间受到限制，所需农产品大部分靠外地输入。因此，北京地区的可持续发展需要借助经济圈战略的实施，重新调整产业结构和布局，特别是农产品基地要向外埠转移，与周边地区建立稳定可靠的战略合作关系。

（三）环京经济圈内产业梯度转移的基础逐步形成，产业结构提升，价值链细分，产业转移呈现与产品结构调整、产业水平提升相结合的新变化

首先，区域农业经济要素分布差异大，产业互补性强。区域内京津地区农业产业化运作和农村经济组织化程度相对较高，具有较高水平的现代服务业和较强大的农产品加工业，具有市场、产业、技术、资本、管理、信息等方面的优势。同时，京津地区人多地少，耕地资源严重贫乏，相当部分的农产品靠外地输入。区域内河北地区可耕地面积达600多万公顷，居全国第四位，农业资源丰富，劳动力价格低廉，在特色农业方面具有较好的基础和条件。其次，随着北京都市型现代农业的开放式发展，产业结构升级和产业布局调整，必将为京津冀农业合作提供更为广阔的空间。相似地，天津把农业发展定位于沿海外向型都市农业。河北省大部分地区属于农区型农业。京津冀相互之间农业经济发展具有梯次互补性，因而，具有区域合作的必然趋势（马同斌等，2008）。

受市场力量的驱动和产业结构调整的需要，京津冀都市圈跨区域的产业转移频繁。另外，北京农业的定位为都市型现代农业，更倾向于满足生态、休闲、观光、文化、教育等高层次功能，而且随着工业化、城市化的进程，上述功能会日益突出和强化（吴宝琴、何雨竹和梁娜，2011）。一些不符合北京功能定位、资源禀赋和环境要求的产业因此搬迁到河北具有较

强产业基础的地区，最具代表性的当属首钢集团落户唐山曹妃甸。河北在正定县投资 58 亿元打造了北方最大的纺织工业园区，吸引京津等地纺织企业入驻（彭永芳、谷立霞和朱红伟，2011）。

（四）京津冀、环渤海经济圈等华北经济区进一步发展的区域制约因素凸显

深化北京市与周边中小城市的合作是推进京津冀区域一体化的突破口。改革开放以来，为促进京津冀的区域一体化采取了不少措施，但是受各种因素的制约，京津冀区域一体化的进程缓慢，区域发展水平较低，从大城市与中小城市合作的层面来探讨区域经济合作，有可能找到一个促进京津冀区域一体化的突破口（杨维凤，2011）。

首都的发展历来离不开周边省（区、市）的大力支持。一是离不开天津的大力支持，天津是中国北方制造业最发达的地区之一，是"首都创新"和"北京服务"最重要的承接地和合作方，作为国际航运中心，天津港又是重要的港口；二是离不开河北的大力支持，河北为保障首都的生态环境、水源供应、农产品供给和安全稳定做出了巨大牺牲，也为北京拓展产业发展空间、疏解城市功能做出了很大贡献；三是离不开山西、内蒙古的大力支持，北京的能源、水源保障和风沙源治理成果，与山西、内蒙古的全力支持是分不开的（熊大新，2011）。

（五）缓解我国经济发达地区土地紧张的矛盾，同时可以集中治理污染，保护生态环境

北京与周边的中小城市自然生态条件总体较差，水资源相对缺乏，生态环境比较脆弱，尤其北京北部的怀来、涿鹿、赤城等县是北京的天然生态屏障。长期以来，它们为保护北京的发展在资源开发、水资源利用和产业选择方面受到极大限制，不可避免地制约了该地区的经济发展（杨维凤，2011）。生态环境是人类生存和发展的基本条件，人类的经济活动必然改变自然界原有的自然状态，但这种改变绝不应该是破坏，只有努力保护好生态环境，才能保障经济活动的持续开展。由于生态环境的影响往往是跨地域的，因此，区域合作应该更多地从全面和全局利益出发，以区域可持续发展为出发点，在生态建设规划、环境监测、生态预警等区域环境保护中

采取联合或共同行动，形成有效的生态环境保护网络。只有这样，区域合作和区域经济持续发展才有了可靠和有力的保障。

生态合作是北京与周边区域优先考虑的一种途径。北京与周边区域应建立基于生态一体性基础上的经济联系，用市场机制取代行政命令，统筹各方利益，变保护压力型生态机制为保护主动型生态机制，共同推动经济发展与生态环境的保护。例如，由北京根据发展水平制定比例，共同出资建立环境保护基金，对张家口和承德地区因生态保护而损失的经济增长进行补偿，从而使张家口和承德地区能够更有效地持续保护生态环境。实行"输血型"补偿和"造血型"补偿的结合。"输血型"补偿是指政府或补偿者将筹集起来的补偿资金定期转移给被补偿方；"造血型"补偿则是指政府或补偿者运用"项目支持"或"项目奖励"的形式，将补偿资金转化为技术项目，安排到被补偿方（地区）（曹阳一和王亮，2007）。

（六）解决了北京周边相关城市地理位置上的缺憾，利用"飞地"优势使资本、技术、人才、市场等生产要素短缺的问题得到缓解或彻底解决，形成互补

劳动地域分工是劳动社会分工的空间表现形式，农业活动不是所有区域都能生产出相同的产品，而是依据各个区域不同的生产要素，遵循比较利益的原则，把各产业部门和企业落实在各自有利的地域上，即各个区域发展具有比较优势的产业，放弃没有优势的产业，从而提高农业专业化水平。发挥农业区域专业化比较优势，可以提高农业生产要素利用率，实现区域农业生产经营效益最大化。农业生产依赖自然环境，农业生产要素中的地、土、热、光、水等自然要素具有不可流动性，区域间差异明显，构成农产品成本比率差异。尽管劳动力、生产技术、信息、资金等农产品生产要素可流动，但建立在自然环境基础上的农产品生产费用也就有明显的差别。具有竞争关系或非竞争关系的主体为增强竞争力，从各自优势出发形成合作关系，实现以优势互补、达到"双赢"为目的的区域合作。这里所说的优势是除资源优势以外的其他所有优势，包括可以出现在价值链上的所有环节，如人才优势、技术优势、管理优势等。这种合作的主要特点是，合作是从打造更优的产业价值链或产品价值链系统为出发点，以优势互补为直接目的，实行强强联合或强弱联合，使合作双方能实现"共赢"

（李瑛，2011）。按照区域农业产业化比较优势整合农业生产要素，选建农业区域专业化部门，可以充分发挥区域农业生产优势条件，加快优势条件经济化，协调区域经济发展，加速农业现代化进程（李永实，2007）。

北京周边的张家口、保定、承德、廊坊等地在现代化农业发展方面亟需技术、资金、市场渠道等资源，以此实现农业产业结构调整。北京应该充分利用高校、科研机构聚集的优势，为周边地区农业生产提供种植、管理等方面的技术支持；充分利用商业资本发达、金融服务业机制健全的优势，为周边地区农业生产提供强大的资金支持，为农产品的物流、资金流、信息流三位一体高效融合提供财力保障；充分利用自身现实和潜力巨大的市场需求优势，为周边地区农业生产提供市场销售渠道保障；通过北京对周边农业生产的上述支持，达到更好地调整当地农业产业结构的目的，同时也为北京提供安全、稳定、高质的蔬菜供应（吴宝琴、何雨竹和梁娜，2011）。北京周边的中小城市在土地、人力、能源和生态资源，以及农业、重化工业等方面，具有比较优势。这就为两地在空间、要素、产业和功能上提供了合作的条件。

北京的区域合作优势主要体现在 3 个方面：第一，区位和交通优势。北京是华北地区地形交汇中心，北上辐射内蒙古高原、黄土高原，南下直通华北大平原，地理位置优越。北京是京津冀都市圈的核心，全国政治中心、文化中心、国际交往中心，拥有日益现代化、国际化、立体化的综合交通体系，是联结东北、华北、西北乃至全国的交通枢纽。第二，科技教育优势。北京是我国技术创新和研发活动的中心，汇集了全国 28% 的国家重点实验室、33% 的国家工程研究中心、45% 的国家重大科学工程、30% 的国家重点学科、41% 的基础研究、32% 的 "863" 计划项目以及 35% 的科技攻关计划。第三，旅游资源优势。北京有 3000 多年的建城史，文物古迹众多，具有深厚的历史文化底蕴，拥有一大批非物质文化遗产，北京奥运会、残奥会的成功举办，为北京留下了丰富的奥运遗产。

周边中小城市的区域合作比较优势主要体现在 4 个方面：农业资源优势、土地资源优势、劳动力优势和旅游资源优势。第一，农业资源优势。北京周边区域耕地面积大，是首都重要农产品供应基地。第二，土地资源优势。北京周边区域拥有大量未利用土地。第三，北京劳动力优势。北京人口众多，劳动力资源丰富。第四，旅游资源优势。北京周边区域有山、有水、有丘陵、有平原，地貌类型多样，自然旅游资源景观丰富，同时又有涿鹿等地的历史文化旅游资源（杨维凤，2011）。

（七）开拓了扶贫和解决"三农"问题的新模式，"飞地"经济从资金扶贫、技术扶贫走向全面扶贫，有利于缩小发达地区与落后地区的差距

由于我国经济发展极不平衡，长期以来，对老少边穷地区的扶贫一直受到党和政府的高度重视，因此在区域合作模式中，从非求偿性角度看，把以扶贫为目标、以经济技术援助为主要内容、不求对等报偿的区域合作模式称为援助性合作。援助性合作的类型比较宽泛，主要有技术援助和对口帮扶。其显著的特点就是以扶贫为目标，更多地表现为经济发达地区对落后地区资本、技术和信息等要素的输入，要素的流动是单向的（李瑛，2011）。

区域合作必须按照"资源共享、优势互补、平等合作、友情支持、共同发展"的原则，协调发展，实现双赢。与长三角、珠三角明显不同，京津冀都市圈历史上经济未能协调发展，问题和矛盾集中表现在形成了"环京津贫困带"。"环京津贫困带"的未来将是决定整个京津冀都市圈建设成败的关键之一，如何进行解决和突破，成为社会普遍关心的一个重大问题。相应地，农业区域合作与发展也要考虑这一问题，在经济发展水平存在差异的情况下创造多赢格局（马同斌等，2008）。

（八）加大环京津贫困地区特色产业扶贫力度，带动贫困人口脱贫

以有劳动能力的建档立卡贫困人口增收脱贫为核心，以发展特色富民产业为着力点，加快建设一批能带动贫困户长期稳定增收的优势特色产业，整体提升环京津所有贫困县农业特色产业发展的质量和效益。深入开展千村万户产业扶贫帮扶，实施"一村一品"产业培育行动。充分利用"千村万户产业扶贫调研"活动成果，因地制宜细化县域产业扶贫帮扶方案。围绕贫困地区确定的主导产业，加大农业项目资金倾斜力度，完善龙头企业带动机制，全面提升贫困地区特色产业发展水平，带动贫困户脱贫。围绕振兴壮大特色产业，创建知名品牌，带动农民增收，选择市场潜力大、区

域特色明显、特色产业突出的贫困村,推进环京津贫困地区千村实现"一村一品"。以规模化、标准化、品牌化、市场化建设为方向,通过培强主体、龙头带动、科技支撑、标准化生产、品牌建设等措施,着力打造"一村一品"专业村,培育全国"一村一品"示范村镇,辐射提升环京津贫困地区现代农业发展水平。

根据京津冀三省(市)人民政府共同签订的《京津冀协同发展林业生态率先突破框架协议》《北京市"十三五"时期推动京津冀协同发展规划》和《关于支持河北贫困地区脱贫攻坚的实施意见》等重要政策,完善生态建设联席会议制度和生态保护执法等区域联防联控机制,搭建京津冀林业信息共享平台,实现六大类 136 种业务数据的信息共享。拨款重点项目建设,完成京津冀生态水源林地建设 10 万亩①,完成张家口坝上地区 122 万亩退耕还林(北京市农村经济研究中心,2018)。

四、北京与外省(区、市)农业区域合作的理论意义

(一)体现了科学发展观和区域协调发展的理论逻辑

科学发展观第一要义是发展,基本要求是全面协调可持续,根本方法是统筹兼顾。科学发展观是马克思主义关于世界观和方法论的集中体现。北京市与外省(区、市)农业区域合作坚持了科学发展观的基本要求,运用了科学发展观的根本方法。

(二)体现了社会主义和谐社会建设的根本要求

构建社会主义和谐社会,必须坚持以人为本,始终把广大人民群众的根本利益作为党和国家一切工作的出发点和落脚点,实现好、维护好、发展好广大人民群众的根本利益。北京市加强与外省(区、市)农业区域合作,根本落脚点是确保北京市民的日常生活对农产品的需求,代表了人民群众的根本利益。

---

① 1 亩≈667 平方米,全书同。

五、北京与外省（区、市）农业区域合作的现实意义

（一）有利于提高北京市农产品供给的控制率，确保北京"菜篮子"工程

"菜篮子"生产建设是都市型现代农业的重要内容，北京市立足都市型现代农业发展，大力推进"菜篮子"工程建设，通过在京的农业龙头企业，与外埠农产品生产基地建立紧密型的合作关系，进而掌控调动资源、稳定价格，从推进区域合作入手稳步提高控制率，从而确保"菜篮子"工程安全。2016 年 12 月 21 日，京冀两地蔬菜产业主管部门在北京召开对接工作会，确认持续高标准推进外埠蔬菜基地建设，打造亮点，推进协同发展再上新台阶。确定 8 家企业建设 17 个外埠基地，外埠基地总面积达 39340 亩，其中，温室 15061 亩，占总面积的 38.28%，露地 16099 亩，占总面积的 40.92%（北京市农村经济研究中心，2018）。

（二）有利于北京周边地区农业发展进步，加快现代农业体系建设

北京周边地区农业发展的瓶颈是缺资金、缺技术、缺市场销售渠道，北京通过加强与这些地区的农业区域合作，鼓励支持北京的农业龙头企业到这些地区建立生产基地，必然把北京市农业龙头企业的资金、技术、市场销售渠道资源优势带到这些地方，进而有利于加快当地的农业产业结构调整和优化升级，加快现代农业体系建设。

（三）有利于首都农产品安全稳定供给

农产品批发市场是连接农业生产和消费的桥梁纽带，在促进农业生产、保证农产品安全稳定供给、带动农民增收和统筹城乡发展等方面发挥着举足轻重的作用。而对于京津这类大型消费城市的销地农产品批发市场来说，其更是连接城市大规模农产品消费和冀晋蒙等周边区域农产品生产的核心枢纽，对于保障京津城市农产品安全稳定供应，带动冀晋蒙农业产业化发展、推进城乡一体化建设具有更加重要的意义（赵黎明，2011）。

第二章 北京农业区域合作的现状研究

一、区域合作的研究现状综述

我国学者研究区域合作的理论依据多为区域经济学。陶宁（2017）认为在全球经济一体化趋势的推动下，我国乡村旅游的产业形态也在发生着深刻的变化，在经历了传统的景区竞争、线路竞争等乡村旅游模式之后，开始迈入区域合作乡村旅游时代。姬悦和李建平（2016）认为京津冀协同发展战略构想作为中国区域经济发展过程中的重要战略之一，是打造京津冀都市圈的基本战略之一。马俊哲等（2012）认为北京市由于城市化进程的突飞猛进，以及农产品生产功能的不断弱化，给建设大规模农产品生产基地带来了困难。因此，为加快农产品加工业发展，北京市就需要着眼于发展外埠农产品生产基地，以解决大型农产品加工业的原料来源问题，并化解大城市土地、劳动力等要素不足及使用成本过高的不利因素。李铁成和刘立（2014）认为会展业是一种依托于一定地域空间的中观经济范畴，以会展业为核心的会展经济具有外向型经济的特征，成为区域经济发展的"晴雨表"和"风向标"，是区域经济的重要组成部分之一。会展业区域合作可界定为：由特定经济区域内会展业主体依据一定的规章、协议或合同，对会展经济要素在区域之间进行整合，从而形成规模更大、结构更佳、品牌影响力更大的会展产品，以获取最大的经济效益、社会效益和生态效益的行为。马林和杨玉文（2007）认为一个区域的对内对外经济合作关系从理论上划分为5个层次：一是区域内部的经济合作关系；二是区域与国内相邻区域的经济合作关系；三是区域与国内相关区域的经济合作关系；四是区域与国际周边相邻区域的经济合作关系；五是区域与国际相关区域的经济合作关系。5个层次的区域经济合作关系从本区域到其他相邻、相关区域，从一国到国际，从而构成了在开放经济条件下一个经济区域对内对外开放和经济合作关系的区域经济合作关系延伸圈。

国外学者研究区域合作则大多是以国际经济学为出发点，研究不同国家间发生贸易或进行合作的动机。无论是从区域经济学出发，还是从国际经济学出发，两者的共同点在于都承认区域合作产生于经济活动中的互补性：如果经济主体之间在经济活动中采取了协同性行动，即会产生一种报酬递增的外部效应。这种经济思想可以追溯到亚当·斯密关于劳动分工的论述。他在《国富论》中通过对扣针生产过程的分析，揭示了劳动分工所产生的协同效应，以及这种协同效应对提高劳动生产率、降低生产成本，进而增进国民财富的重要作用。在这之后，经济学家们从多个角度考察了区域合作的原因和效用问题，其中比较有名的是赫克歇尔—俄林定理，又称 H-O 理论，即要素禀赋学说。要素禀赋是指农业生产活动中所需要的基本的物质条件和投入要素，它不仅包括传统的生产要素，如自然资源、劳动力、资本、技术，还涵盖制度、信息、管理等现代生产要素。要素禀赋理论尽管最早源于国际贸易领域，但对区域经济发展战略起着很大的指导作用，特别是对农业经济的发展影响仍是深远的，可以说它是农业区域合作最重要的经济理论基础。

同时，应该考虑到作为政治经济文化中心的首都，北京的农业区域合作又必然具有其特殊性，除了上述出于经济方面的思考，还需兼顾政治方面和社会责任方面的考虑。

二、北京农业区域合作的成就

（一）京承合作取得的成果

据统计，由于首农集团三元、华都集团、北京千喜鹤、顺鑫农业、天慧药业等国家级龙头企业的进入，加快了承德农业结构调整的步伐，由传统的"蔬菜、食用菌、马铃薯、玉米制种"转变为"肉类、乳品、菌菜、果品、中药材"五大农产品加工产业，畜牧业迅速取代传统种植业成为第一主导产业。在合作龙头企业的带动下，农业标准化、基地认证、品牌建设快速推进，目前全市农业标准化基地发展到 255 万亩，占全市总耕地面积的 50.6%，大幅度提高了承德农业产业化经营水平、劳动生产率、资源利用率和转化率。

（二）京吉、京晋、京鲁农业合作取得的成果

1. 京吉农业合作

生猪产销合作：签署了京吉生猪产销合作协议，为吉林省生猪进入北京市场开辟绿色运输通道，鼓励北京企业到吉林省建立生猪养殖基地，保障北京市猪肉供应和质量安全。

开展旅游方面合作：利用各自旅游资源特色，增强互补性。北京具有历史悠久、人文荟萃、旅游资源丰富、旅游环境优越等特色，吉林具有生态、冰雪、边境、民俗等特色旅游产品，近年来，随着两地旅游产业的快速发展，旅游交流与合作更加密切频繁，已发展成为旅游区域合作的重要伙伴，互为重要的旅游客源市场。

2. 京晋农业合作

京晋农业合作始于 2009 年首届中国（山西）特色农产品交易博览会。2010 年，晋京农业区域合作的第一个项目——北京顺鑫农业股份公司投资 1.8 亿元的商品猪基地项目落户山西大同市阳高县。山西农业以特色取胜，但存在龙头企业带动能力不强的问题。因此，需要通过区域合作、招商引资来壮大山西农业。同时，北京对鲜活农产品的需求量很大。北京现有的农业资源无法满足庞大的市场需求，蔬菜自给率低，也急需在周边开展农业区域合作。为此，山西将北京列为"最大最好的合作伙伴"，开展京晋农业合作成为双方共同的需求。

3. 京鲁农业合作

2012 年 2 月 28 日，山东省人民政府与北京首都农业集团在济南签订战略合作协议。按照协议，山东省政府与首农集团将在山东省范围内就建设质优、安全和高端农产品种植、养殖和加工基地，向北京提供安全优质农产品等事宜，开展全面合作。山东方面将积极向首农集团推介山东省内农业产业项目，全力做好基础性服务工作；首农集团将积极对山东省内符合条件的区域、产业和企业进行考察、论证和投资。

（三）北京市对口援建新疆和田的项目

北京市对口援建新疆和田的五大示范项目①中有两大项目是农业合作项目，一是墨玉县设施农业建设工程，该工程将改造现有 50 栋老旧土墙体日光温室，并计划在未来再改造 5 万栋；二是新疆生产建设兵团农十四师红枣加工基地建设工程，该工程预计占地 120 亩，北京市将对口支援 2000 万元用于支持厂房建设。

三、都市型农业发展"两步走"战略

任何一种类型的农业都不是突生事物，而是在经济、社会文化等多种因素的综合作用下，经过一定的发展过程逐渐形成并不断演化而成的。从历史的视角来看，我国大城市经历了从乡村农业—城郊农业—都市现代农业发展演变的一般规律，北京作为中国的首都，是经济发展的前沿阵地，在农业方面也已经走过了以生存性为特征的乡村农业阶段，以商品性为特征的城郊农业阶段（包永江，1986），步入了以生态化、科技化和集约化为特征的都市型现代农业发展阶段。

自 1935 年，日本学者青鹿四郎对都市农业进行了最早的学术定义以来，世界各国对都市农业的关注都逐渐增加，我国的学界也在 20 世纪 80 年代末开始了对都市农业的研究，并在"十五"规划后掀起了一股热潮。但纵观各种文献、报刊和书籍，研究内容多集中于城市内部农业发展模式、产业选择、产业结构调整等，也就是说他们研究的是"地域型都市农业"。值得肯定的是，前人关于都市农业的理论研究对于指导实践有着积极而深远的影响，作为国内"都市农业"的践行者，北京在产业选择、产业结构调整、支撑体系建设等方面都取得了喜人的成绩。与此同时，我们也应看到地域性的都市农业未能够突破行政区划的制约，伴随着土地、劳动力价格的上升、空间发展的限制等一系列问题，都市农业的可持续发展受到很大局限，首都科技、资金、人才等一系列优势也无法得到充分的发挥。

在这样的背景下，北京市提出了都市农业"两步走"的发展战略（图

---

① 五大示范项目为：棚户区改造、抗震安居房建设、设施农业工程、医院病房楼工程和农产品加工基地。

2-1）。第一步就是北京正在实施的"地域型都市农业"发展阶段，第二步则指出了北京农业未来的发展方向和趋势——"总部型都市农业"。

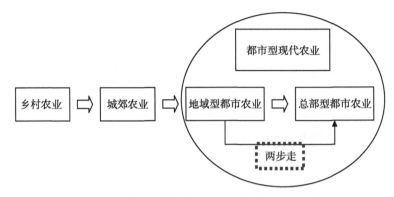

图 2-1 都市型现代农业"两步走"战略示意

"总部型都市农业"建设的核心在于突破行政区划的制约，充分利用北京市和外省（区、市）"两种资源""两个市场"，加强农业区域合作，最终实现共利双赢。

第三章　北京农业区域合作的模式和方式

多年来，北京市与周边地区都有进行农业合作的需求和愿望，双方农业合作潜力很大，前景广阔，且多年来已进行了多项卓有成效的农业合作。根据各地区、各企业的实际情况和条件，可以有以下几种合作模式与合作方式。

一、区域合作模式

（一）帮扶式

1. 帮扶式合作理论

由于我国经济发展极不平衡，贫困问题仍然是我国亟须解决的重大问题。长期以来，对老少边穷地区的扶贫一直受到党和政府的高度重视，因此在区域合作模式中，从非求偿性角度看，我们把以扶贫为目标、以经济技术援助为主要内容、不求对等报偿的区域合作模式称为帮扶式合作。帮扶式合作的类型比较宽泛，主要有技术援助和对口帮扶。其显著的特点就是以扶贫为目标，更多地表现为经济发达地区对落后地区资本、技术和信息等要素的输入，要素的流动是单向的。这种合作模式主要适用于有针对性地解决某些落后地区的贫困和经济发展问题（曹阳和王亮，2007）。

2. 北京农业区域合作中的帮扶合作项目

北京对乌兰察布市采取对口帮扶区域合作，由北京市商务委员会、农村工作委员会[①]等部门积极引导大型流通企业和市场加强京乌两市农副产品

---

① 2018年，北京市机构改革，将北京市商务委员会更名为北京市商务局；将北京市农村工作委员会、北京市农业局等机构的相关职责整合组建北京市农业农村局，北京市农村工作委员会与北京市农业农村局合署办公。

产销对接，组织北京各大超市和新发地批发市场与乌兰察布市进行"农超对接"；明确乌兰察布市为首都的农副产品基地、首都的"菜园子"，并享受相关政策支持；支持乌兰察布农产品交易中心和物流中心建设；组织协调北京市有关部门和企业支持乌兰察布市打造蔬菜、农畜产品的知名品牌；在北京市政府的蔬菜储备中，优先采购乌兰察布市马铃薯等冷凉蔬菜产品，并责成北京相关部门建立沟通机制。

（二）产业梯度转移式

1. 产业梯度转移理论

国际经济学家汤姆森、胡佛提出的产业梯度转移理论是指按照产品生命周期理论，高梯度地区的产业与技术会向低梯度地区扩散与转移，实现区域经济优化的产业调整目标。产业梯度转移的益处在于，区域产业结构的调整为产业的技术升级创造了适宜的经济环境，为区域经济增长与提高就业率奠定基础。区域经济的崛起与产业梯度转移关系密切，产业梯度的转移实现了地区经济发展的相对平衡。产业梯度转移源自高梯度区的创新能力，表现为产业结构、技术结构的高度化。低梯度区的产业结构、技术结构缺乏结构提升的创新力。由高梯度产业区向低梯度产区转移的是成熟或衰退的产业、技术和产品。产业梯度转移实质是产业结构调整和升级，是某些产业的要素供给和产品需求的变化导致产业从发达区域转移到落后区域的经济现象。

2. 产业转移理论相关模式

产业转移有 3 种模式。第一，生产外包模式。外包和供应链等方式为产业转移的主要途径。供应链、外包、企业间网络等是经济发展水平到了较高阶段时，所形成的更深层次的社会分工。生产外包模式对上下游厂商具有吸引和激励作用，企业根据自身资源特点选择最适宜自己的产业位置，节省成本，以获取最大利润。第二，技术扩散模式。产业之间的分散与融合带动了产业技术的扩散。我国产业在国际分工中长期处于低端产业、低附加值的地位。因此，只有依靠技术创新才能推动产业升级。国际资本的聚集效应促进我国产业的规模扩大、科技含量提高。产业升级促使企业从低档的劳动密集型产品向技术含量高、产业附加值大的技术密集型产品的转变。第三，产业关联模式。产业关联是指各产业之间存在着广泛的、复杂的、密切的技术经济联系（赵光剑，2010）。

3. 北京产业发展特点

北京需要进行产业转移和调整，发展适合首都特点的产业结构。首都作为特大城市，其产业发展特点主要体现以下 4 个方面：一是集聚了发展高层次产业结构所需要的人才、技术、信息和资金等先进生产要素，在技术和产品创新方面处于前列，信息传递渠道便捷，并具备发达、先进的制造业基础和发展高新技术产业的条件；二是产业结构层次相对较高，对周围地区尤其是河北北部地区具有强大的经济辐射和带动功能，是环渤海经济区和"大北京"经济圈的经济中心；三是水资源严重短缺，人口数量巨大，作为基本生产要素的土地数量相对紧张，对环境和基础设施的压力日益增大，不宜发展高能耗、高污染、高耗水、大运输量的制造业；四是对第三产业有着特殊的要求，需要有发达的服务业和完善的综合服务体系（戴宏伟，2003）。

4. 北京农业区域合作中的产业梯度转移合作项目

为了深化区域合作，建立紧密型"菜篮子"外埠生产基地，提高首都"菜篮子"自给率、控制率，北京市委、市政府着力推进农业供给侧改革，相关部门发布了《共建北京农产品绿色优质安全示范区合作协议》《环首都一小时鲜活农产品流通圈规划》等文件，鼓励支持北京市农业企业、专业合作社、流通服务企业到外地建设标准化种、养生产基地，在政策、资金、技术等方面提供支持，提高农产品生产能力，保障首都"菜篮子"不间断供应。2017 年，北京新建外埠蔬菜基地 3.9 万亩；截至 2017 年年底，已在津冀地区建设畜牧业外埠生产基地 57 个。农业龙头企业在外埠基地建设中充当了领头羊角色，依托先进的科技管理优势，大力推行标准化生产，提升了农产品的质量和效益，体现了北京农业先进的生产力水平。如北京首农食品集团有限公司投资建设的河北三元工业园，集乳品研发、生产加工、物流于一体，与附近的定州牧场有机衔接，形成了"规模化牧场+现代化加工"的完整产业链条。北京方圆平安食品开发有限公司依托在蔬菜育苗、种植、加工等环节的先进技术及行业优势，在全国 12 个省（区、市）建立产销联合体，推进产销深度对接，带动蔬菜专业化、标准化生产，提升了产业综合效益，每年为首都市场供应安全、达标蔬菜达 3.5 万吨，产值 2 亿元。

（三）优势互补式

1. 优势互补型合作理论

优势互补型合作是具有竞争关系或非竞争关系的主体为增强竞争力，从各自优势出发形成合作关系，实现以优势互补、达到"双赢"为目的的区域合作。这里所说的优势是除资源优势以外的其他所有优势，且可以出现在价值链上的所有环节，如人才优势、技术优势、管理优势等。这种合作的主要特点是，合作是从打造更优的产业价值链或产品价值链系统为出发点，以优势互补为直接目的，实行强强联合或强弱联合，使合作双方实现"共赢"。优势互补型合作适应的范围较广，几乎所有省域间区域合作都是为了实现优势互补。在缺乏绝对优势的地区，以相对优势仍可通过合作实现优势互补（曹阳和王亮，2007）。

2. 北京农业区域合作中的优势互补式项目

三元集团利用企业在资金、技术、人才和市场的优势，依托承德地区的资源、环境和劳动力优势，发展奶牛、肉牛、生猪的养殖及其产品的加工，依托养殖基地，建立加工龙头企业，实行产、加、销一体化，推进产业化经营和农业资源的综合开发。这种合作，既能带动承德地区农业产业化的发展和农民的致富，发挥承德农业资源丰富的优势。同时，又使三元集团的产业优势得到充分发挥，实现产业的梯度转移和产业能级的提升，做强做大主业。通过企业与政府联姻，实现共同发展、互利共赢。

二、区域合作方式

（一）产供销合作

1. 产供销合作定义

农业产业化是我国实现农业现代化的有效途径，其核心是产供销一条龙，农工商一体化，基本形式是"公司+农户"，即公司与农户通过签订合同或通过其他方式，在明确各自权利和义务的条件下，把产供销统一起来，组成利益共同体，按照风险共担、利益共享的原则进行农产品的生产、加工、流通的一种组织形式（陆迁，2003）。

2. 产供销一体化的作用

通过农产品营销组织化程度的提高，可以降低流通成本、提高流通效率。批发市场是蔬菜销售的主渠道，从批发市场到零售市场往往出现菜价倍增的现象，也被称为"最后一公里"。逐步调整解决"最后一公里"存在的问题，需要做好农产品零售终端市场布局，充分挖掘和利用现有资源，千方百计填补服务空白，同时还需要加强对市场流通费用的管理，严格实行摊位费和超市进场费明示制度，降低"最后一公里"流通环节的成本。初步统计，由于减少了中间环节，"农超对接"推动农产品流通成本平均降低 10%~15%。全国有 2000 多家零售企业不同程度地开展了"农超对接"，有的蔬菜"农超对接"比例超过 50%。"农超对接"支持农产品质量认证近1000 个。通过"农超对接"培育农产品品牌 800 多个，参加对接的农户年均增收 4000 多元。"农超对接"也在稳定农产品价格、保障供应等方面发挥了积极作用。

农产品质量安全管理是现代农业体系的重要内容，对外来农产品实行有效的质量安全管理是都市农业发展的重要任务。传统农业的分散经营及组织化程度低是造成农产品质量安全监管困难的主要原因。异地农业通过一体化或契约合作的方式建立稳定的产销合作关系，在"农户→基地→龙头企业→超市"的供应网络中形成各主体的共同利益机制，长期的产销关系促使各方共同重视农产品的质量安全。对这种渠道封闭且可追溯的供应链，监管方操作方便，可将工作的重心放在本地的龙头企业、批发商或超市，既可以降低监管成本，又可以提高监管收益，最终形成良性的监管循环。异地农业的运销方式提高了农产品生产的集约化及产销的组织化程度，通过产销一体化管理使监管操作方便（邓兰兰，2006）。

3. 北京产供销合作项目

目前，北京已基本形成以农产品批发市场为核心，社区菜市场为基础，各类经营业态互补，遍布城乡的多层次、多元化农产品流通体系格局。新发地、大洋路、顺鑫石门等 9 个重点农产品批发市场形成京西南、京东、京北三大农产品聚集区，在辐射和集散农产品、保障北京城市农产品供应安全方面发挥着重要的作用。北京市共有规范化社区菜市场、农贸市场、社区便民菜店、生鲜超市连锁店铺、直配企业及商户 4100 多个。在此基础上，"农超对接""农餐对接""场店对接""保本菜摊"等短链直供模式成为现代农产品流通体系建设的重点环节。

（二）特色产业基地建设合作

1. 特色产业基地定义

关于特色产业基地的定义，目前没有统一的、权威的标准界定。我国较早在政府文件中对特色产业基地定义的是《国家火炬计划特色产业基地认定和管理办法》（国科火字〔2001〕号，2010 年修改）中指出："特色产业基地是指在特定地域内，在实施火炬计划的基础上，发挥当地的资源和技术优势，依托一批产业特色鲜明、产业关联度大、技术水平高的高新技术企业建立起来的高新技术产业集群。"这一定义主要界定的是"火炬计划特色产业基地"，简称为"特色产业基地"。此外，《关于加快国家高技术产业基地发展的指导意见》（发改高技〔2009〕3211 号）对"高技术产业基地"的定义是"对高技术产业发展和区域经济发展具有支撑、示范和带动功能的特色高技术产业集聚区。"这一定义也突出强调"高技术""特色"，因此也被简称为"特色产业基地"。

2. 特色产业基地的基本特征

一是产业高度聚集特征。产业的高度聚集是特色产业基地的本质特征。特色产业基地由若干个具有成员间专业化分工、上下游协作配套的关联产业集群聚集而成。特色产业基地中至少有一个具有强大推动效应的龙头或者骨干企业。特色产业基地的企业以龙头企业和骨干企业为核心，在分工协作的基础上，以产业链为依托，形成层次分明的企业群。龙头或骨干企业在基地产业发展中起到领头羊作用，是特色产业基地的重心，通过集聚作用与辐射作用推动特色产业基地发展过程中支配、乘数和溢出效应的发挥。

二是资源要素独特性特征。区域资源要素独特性特征是特色产业基地的基本特征。资源要素是特色产业基地形成与发展的基础，资源要素的不完全流动性是特色产业基地产生的根本原因，特色产业基地所处区域内资源要素的稀缺程度越高，独特性越强，特色产业基地的产业特色越突出，产业发展的竞争优势越强，向优势产业转变的潜力越大。

三是比较优势特征。比较优势是特色产业基地的经济特征。特色产业基地中的产业发展依托于当地某种特色资源和技术优势，尤其是产业创新能力和产业技术能力。特色产业基地在对区域内特色资源或特色产品进行产业化开发中逐步形成产品优势或市场优势。这种比较优势包含区域间比较优势和区域内比较优势两个方面，主要表现在相比其他区域相同产业或者相同区域其他产业更具竞争力，更具备向顶端优势转变的潜力（于言良等，2011）。

特色产业基地区域内部具有正向累积性因果循环效应，是地方产业结构优化升级和发展方式转变的重要载体和推动力量。在世界范围内，无论是发达国家还是发展中国家，建设以产业链为基础、相关配套产业高度聚集的产业基地已成为促进经济发展的一种崭新的产业、技术创新的组织形式，被世界广泛采纳，并已经成为发展的必然趋势。特色产业基地一般出现在各类经济开发区体系内，多以产业园区模式形成。

3. 北京发展特色型产业基地的意义

按照杜能区位论的理念，基地型农业是城市化进程中农业圈形结构的体现，按照产业梯度推移理论和产业分工协作理论，城市周边的农业呈现扩散的趋势，基地型农业可以成为联系城市和乡村的农业产业链，成立区域农业产业专门化产区为城市中心服务，供应城市农产品，实现农业与城市餐桌的对接。在京津冀一体化发展的大背景下，发展基地型农业对于首都经济圈内实现京津冀产业对接、提高河北省农产品的竞争力、推动现代农业发展和农民增收有重要意义。加快北京外埠农产品供应链基地建设，降低了农业产业链的总体交易成本。影响交易成本的因素包括交易资产的专属性、交易的频率和交易的不确定性。交易资产的专属性越差，双方在合作过程中改变经营用途的可能性越高，交易的不确定性也就越高；交易频率越高，总体交易成本也越高；交易不确定性越大，双方在合作中的信息搜寻成本、谈判成本、监督成本越高，导致总体交易成本越高。将交易成本理论应用到现实当中，如果北京市场各类农产品经销商不定期地从周边农业生产基地采购，双方未形成供应链的契约一体化合作，则必会降低北京农产品龙头企业和周边农业生产基地的资产专用性，导致双方交易的不确定性和交易频率增加，最终增加供需双方交易成本。而在北京外埠区域建立农产品供应链生产基地，则会形成一体化、长效、稳定的农业产业链，降低链条总体交易成本，促进农民增收，增加消费者社会福利。

在 2010 年北京市农村工作会议上，市政府提出了"深化农业区域合作，支持本市龙头企业在外埠建设农产品生产基地，促进农业产业链集约化经营管理，增强首都农产品应急保障能力和市场控制力"的发展要求。此举必将进一步促进农业区域经济一体化的快速融合，在更广阔、更深层次领域促进农业产业链资源的整合，带动北京周边区域经济的大跨步发展，为北京建设世界城市目标的实现提供重要的民生支撑（吴宝琴、何雨竹和梁娜，2011）。

4. 北京特色产业合作项目

首农集团、北京二商集团、顺鑫农业等大型涉农京企已经先后到河北承德、保定等地建立若干现代化基地、产业园、养殖场。首农集团分别与河北省承德市政府、天津港集团签订协议，共同启动"御道口国际生态旅游度假区项目"和"天津港首农食品进出口项目"，加速京津冀协同发展。"天津港首农食品进出口项目"位于天津自贸区东疆保税港区内，总占地面积5.6万平方米，总投资超过2.6亿元。项目建成后，将覆盖北京、天津、河北、山西、内蒙古等地区，对京津冀地区食品供给起到支撑作用。

（三）人力资源培训合作

1. 北京人力资源合作的特点

北京的科研、教育方面的资源很丰富，因此，在与其他地区进行农业区域合作的过程中，将工作重点放在为合作地区进行人力资源培训。

2. 北京人力资源合作项目

在北京在蔬菜生产农业区域合作中提出提质增效"三百工程"。以"百名专家进菜园""百项技术到地头""百分竞赛选能手"为核心的蔬菜生产提质增效"三百工程"，突出新技术、新品种推广应用和装备提升，推广新技术100余项、新品种42个，建立高产高效示范点346个，辐射面积16万亩。通过种植新品种、采用新技术，培养了一大批种植能手（陈莹莹，2011）。

承德方面，也积极与北京的高校及科研机构开展合作。如承德与北京林业大学签订的科技合作协议，涉及林业硕士研究生培养和高新技术师资培训、森林防火无线视频监控系统建设、干旱造林试点、球根花卉繁育、山杏花晚霜冻害研究、生物质能源开发利用、杨树品种选育和新品种引进、城市森林休闲公园建设规划、建立教学基地9个领域的各项合作工作。

（四）服务平台现代化建设

基础设施一体化是区域经济一体化的基础。首都经济圈建设要坚持基础设施先行，从国家层面规划区域大交通体系、能源供应体系、信息网络体系、食品安全等，为区域经济发展提供强有力的支撑。

1. 北京农产品安全体系建设情况

北京的食用农产品安全体系建设始于 2000 年 4 月，在全国处于领先位置，各种农产品质量安全保证措施也相当多。北京市的食品安全追溯体系建设始于 2007 年，对农产品实施从生产源头到消费市场的信息记录，使农产品质量有了较强的可追溯性，从而保障食品安全，给消费者吃了定心丸。

北京市每年投入 2000 万元对于农产品源头进行管理，实施农药更新换代等；北京市还专门成立了市食品安全委员会，形成了工商、卫生、质监、农业等部门分工监管、联动配合的工作机制，在 200 余家食品批发市场、连锁商场、超市建立了食品检测室，构建了市、区食品安全检测中心、实验室和快速检测车、移动实验室组成的检测评估网络。初步建立了食品安全信用征集、评价、披露和奖惩体制。从农田到餐桌各个重点环节得到有效控制。

2. 北京农产品信息化服务项目

北京市"菜篮子"工程提出了"三率一能力"的建设目标，即稳步提高"菜篮子"重点产品的自给率，大幅提升"菜篮子"重点产品的控制率，全面稳步提升"菜篮子"重点产品的质量安全合格率，以及显著增强"菜篮子"重点产品的应急保障能力。北京市将继续实施农产品质量安全提升工程，加强农产品标准化基地建设，推进农业产业化，加强投入品使用监控，严格落实市场准入和规范化管理，建设重点食用农产品追溯网络，开展食品安全整治等综合措施，"菜篮子"产品将力争实现质量安全抽检合格率达到 100%（陈莹莹，2011）。

（五）基础设施建设合作

1. 北京基础设施建设合作的重点

北京从自身利益出发，把环首都经济圈扩展到山西、内蒙古，首先是考虑产业联系，山西和内蒙古都是北京的能源输出地，电、煤都来自那里，所以北京规划的道路交通设施重点也放在那里。

2. 北京农业基础设施建设合作项目

北京市农业技术推广站成立了京津冀区域首个蔬菜工厂化生产研发和示范中心。该中心依托北京小汤山特菜基地，承担技术推广公益职能，统筹科研院所专家资源及专业化服务企业，搭建政府、科研院所、企业之间的合作平台。

（六）品牌建设合作

1. 品牌建设合作的意义

北京有巨大的绿色农产品消费市场，对品牌食品、绿色食品需求越来越多，品牌意识和食品安全意识越来越强。据统计，在北京八大类传统食品消费结构中，粮食消费呈下降趋势，奶及奶制品、干鲜瓜果、肉禽及其制品类消费需求增长显著，而且对绿色农产品的需求上升，水产品和蔬菜类的变化不大。这种趋势为北京周边区域农产品服务北京市场提供了结构性需求定位。北京周边区域在运输上具有一定的距离优势，应优化农业产业结构，大力发展设施农业、养殖业和农产品深加工业等现代高效农业产业，建立优质的绿色无公害农产品生产基地，做大做强名牌农产品，突出特色农产品，树立产品形象，提高产品的竞争力，稳定和扩展市场，提高市场占有率，获得更高的溢价收益（杨维凤，2011）。

2. 北京品牌建设合作项目

河北承德品牌建设：在成功引进新西兰恒天然、北京三元、六必居、华都、千喜鹤等著名品牌的基础上，继续通过招商引资将蒙牛、伊利、双汇、浩月等知名品牌引入承德市。同时，下大力创出承德自己的知名品牌，争取怡达、三北等商标成为全国驰名商标，品牌提升。

山西临县与北京农学院合作创建品牌：临县是全国红枣生产第一大县，红枣已成为临县的主导产业。临县与北京农学院合作，希望尽快实现红枣产业的市场化、无害化、标准化、精细化、品牌化、网络化，建立起红枣产业的减灾体系和储存营销体系，进而提升和打造红枣产业的国际化。临县人民渴望北京农学院的领导、专家教授继续给予关注，把临县作为北京农学院的农科教三结合基地，采用政、产、学、研、推的模式，引领我国红枣产业的发展与提升。北京农学院将继续加强对老区人民的农业科教服务，充分利用农业农村部都市农业（北方）重点开放实验室的研究平台等各种资源优势，采用政、产、学、研、推的模式，帮助老区人民进一步扩大红枣生产规模，提升红枣产业经营与管理水平，帮助老区人民实现红枣产业的市场化、无害化、精细化、品牌化、网络化，并研究制定出产前、产中、产后的标准化体系。

"农超对接"创品牌：通过"农超对接"培育农产品品牌 800 多个，参加对接的农户年均增收 4000 多元。"农超对接"也在稳定农产品价格、保障供应等方面发挥了积极作用。

（七）农业科技合作

1. 京津冀三方《推进现代农业协同发展框架协议》

2015 年，京津冀三方签署了《推进现代农业协同发展框架协议》，主要包括以下三方面内容。

一是突出大城市农业功能定位，共同探索都市农业的多种实现形式，重点在籽种农业、会展农业、观光休闲农业、沟域经济等方面开展交流与合作，共同开发农业的生产、生活、生态等多种功能。

二是发挥各方比较优势，在推进农业现代化和农业"走出去"方面开展交流合作，重点在农业新技术、新品种、新设施推广，动植物疫病联防联控，以及节水农业、循环农业、低碳农业发展等方面开展科研合作。同时，积极打造合作平台，引导农业企业"走出去"，开发国际国内两个市场，利用国际国内两种资源。

三是京津冀三方还将围绕特大型城市消费市场特点，积极推进农产品产销对接合作。适应三省市"菜篮子""米袋子""果盘子"需求，加强农产品生产加工基地和市场流通体系建设，推进"农批对接""农超对接""农社对接"，促进农产品品牌建设，保障农产品质量安全。

2. 京津冀农业科技创新联盟

由北京市农林科学院牵头，天津市农业科学院、河北省农林科学院共同发起，联合京津冀地区农业科研院所、高等院校、涉农企业等 23 家成员单位在京召开了京津冀农业科技创新联盟成立大会。京津冀农业科技创新联盟成立大会通过了京津冀农业科技创新联盟成员及理事会构成，并发布了联盟首批启动项目。

京津冀农业科技创新联盟作为国家农业科技创新联盟的重要组成部分，行使区域农业科技创新的职能，接受国家和地方科技、产业主管部门以及国家农业科技创新联盟的业务指导。该联盟围绕京津冀现代农业调结构转方式和"三农"发展科技需求，开展协同创新与成果转化工作，提升区域现代农业科技总体水平，科技引领与支撑区域现代农业协同发展，着力推进区域农业现代化进程。同时，加强以下几方面工作：①对接首都农科院所，提升农业科技创新扩散能力；②抢占京津冀现代农业发展的科技制高点；③放大现代农业功能，强化区域科技合作的桥梁纽带；④搭建京津冀农业科技资源信息网络和共享平台；⑤依托自身优势构建京津冀农产品冷链物流中心；⑥健全农产品标准化技术体系和质量安全管理体系；⑦延伸加工产业链，提升农副产品出口创汇水平；⑧建设农业气象灾害防治技术体系和应急机制；⑨依托天津职教优势做大新型职业农民培育基地；⑩营造农业科技创新和扩散应用的良好市场环境。

（八）会展农业合作

1. 会展农业合作的意义

区域资源有机整合平台：在现代农业发展中，会展农业提供了一个促进区域资源整合的有效实现形式。一些地区分别借助自身区域资源禀赋的优势建立合作，实现了区域农业产业链的升级。在合作中，政府对区域农业合作起着主导作用，如制定各自的产业规划和功能定位等。

区域品牌互鉴推广平台：以北京农业嘉年华活动为例。北京农业嘉年华活动以农业主题为背景，设专馆或场地展示天津和河北的农业发展成就和农产品品牌，让游客在参观和互动参与的过程中更加深入了解天津和河北。此外，在北京农业嘉年华中还举办京津冀现代农业协同发展座谈会、"惠农、汇民、会生活"主题活动、全民欢乐农嘉行、北京农业嘉年华主题日等多项重要活动，实现农业区域品牌的互鉴推广。

区域产业联动发展平台：由于京津冀三地会展农业的联动发展具有良好的合作基础，政策优势明显、基础设施相对完善、产业体系基本健全，三地协同发展既能促进三地农业融合，也能促进一体化发展。

整合区域农业资源：区域农业协同发展的根本建立在区域资源互补和禀赋比较优势基础上，会展农业为区域农业资源整合提供了平台，这里的资源整合包括农产品、农业技术、农业营销方式、农业信息资源的整合。

2. 北京的会展农业合作项目

北京农业嘉年华带动都市现代农业发展：北京市昌平区借助 2012 年成功举办第七届世界草莓大会的经验，之后每年举办一届北京农业嘉年华。2015 年，在京津冀协同发展的大背景下，第三届北京农业嘉年华开始由京津冀联合举办，首次设立了天津馆、河北馆，举办了天津、河北主题日，以及文化民俗推介、优质农产品展示等活动。京津冀三地的特色农业、民俗文化和优质农产品同台亮相，描绘了京津冀三地现代农业协同发展的美好前景。

北京种子大会首次走出北京在河北省廊坊市举办：北京丰台区从 1992 年开始举办历年北京种子大会，并于 2014 年承办了第七十五届世界种子大会而扩大了影响。2018 年的第二十六届北京种子大会走出北京，在河北廊坊举办。该届大会以"振兴民族种业、助力扶贫攻坚"为目标，全力打造一届有特色、有内涵、有成效的种业盛会。北京种子大会在精准扶贫方面全力搭建良种捐赠、品种推介、培训指导、技术服务、回购农产品等全产业链精准扶贫体系。北京种子大会经过多年的发展已成为国内具有影响力的种业展会，为中国现代种业发展做出了突出的贡献。北京种子大会具有种业基础性、战略性核心产业的突出作用，紧紧围绕国家（北京）现代种业创新示范区建设，创新驱动民族种业发展，构建国家级现代种业交易、交流、展示平台。北京种子大会一直致力于为商户、企业搭建交易平台，为广大农户提供最新种植技术、为广大商户提供最新试种品种，助力扶贫攻坚。

（九）休闲农业合作

1. 休闲农业的定义与功能

休闲农业，归根到底是一种涵盖农业、旅游、景观、文化、科技等多种元素的新农业生态，它已经成为很多国家打造都市经济圈、区域一体化的重要形态。京津冀休闲农业的发展过程中，休闲农业园区是其最重要的载体，它不但是京津冀地区休闲农业发展效果的直接体现，同时也是该地区休闲农业发展的重要支点。休闲农业本身具有休闲旅游的功能，这一点在京津冀休闲农业园区的发展过程中表现得一览无余。京津冀地区几乎所有的休闲农业园区都在竭力打造自身的休闲旅游品牌，它们通过打造精品旅游线路、举办唯美田园活动，达到吸引游客的目的。

2. 京津冀休闲农业合作项目

2015 年，京津冀三地协同制定了《京津冀休闲农业协同发展产业规划》，标志着京津冀协同发展战略迈出了坚实的一步。京津冀依托地缘优势，共同推出"京津冀休闲农业与乡村旅游"精品线路，实现市场、信息、资源、线路共享，打造京津冀休闲农业一体化发展新格局。在休闲观光农业旅游方面，京津冀三地优势互补。地处"九河下梢"的天津，山、水、河、湖、海、湿地齐全，休闲观光游资源丰富，已规划建设了 9 条观光线路，培育发展了蓟州、西青两个休闲农业与乡村旅游国家级示范区，建成水高庄园等 10 个全国休闲农业与乡村旅游示范点，静海区西双塘村等 3 个村被农业部认定为"中国最有魅力休闲乡村"。

第四章　北京农业区域合作的
优劣势及内在动因

北京与周边省（区、市）拥有相同的自然条件，区域农业发展存在梯度差，农业资源和功能互补，农业合作优势明显，已成为区域协作的重要突破口。

一、北京农业区域合作的优劣势分析

北京农业发展总体战略目标是全面加快郊区农业由单一生产型向生产、生活和生态多功能型转变，形成以农业和农村产业为基础，以城市为依托、整体现代水平较高的集生产、生活和生态功能于一体的可持续发展的都市农业体系，使郊区从事第一产业的农民明显减少，农民素质普遍提高，农业效益和农民收入显著增加。

（一）北京农业区域合作的优势

1. 科技、人才优势

北京市科技经济联合中心赵生祥、许焕岗等研究员指出了以下几个方面的北京发展农业的科技人才优势：一是拥有一批国内顶级的研究、推广机构，北京市已经形成一个包括中央、地方和民营企业 3 个层次，涉及农、林、牧、渔、水利和气象诸方面的完整的研究、推广体系；二是农业科技投入逐年增加，"十五"规划以来，北京市在农业科研与推广方面投入年均达到 1 亿多元，并呈现逐年增加的趋势；三是科技成果多、水平高，在北京市科学技术进步奖中，农业获奖项目每年均保持一定水平；四是具有一批国家及科技创新平台，研究水平居于国内领先水平；五是北京地区科研力量集中，中央在京科研院所和高等院校、北京市地方农业科研院所有大批农业科研人员。

2. 信息及时充裕

市场经济的条件下，信息既是政府宏观决策的重要依据，又是广大农民从事生产经营的桥梁和纽带。强化农业信息服务，大力推进农业信息化进程，在农业结构调整，促进农业增效、农民增收中的作用越来越明显。信息方面的优势将促进地区农业市场的发展。

北京农业发展的信息优势主要有：一是农业信息体系建设成效显著，以农业信息体系建设为基本内容的"金农工程"，已被国家确定为电子政务重点建设的12个系统之一；二是北京市农业局注重农业信息标准的制定和实施，同时注重搭建农业信息交流沟通平台，如举办各种农产品交流展销会等；三是农业信息基础设施建设，注重建立传统媒体与现代信息网络优势互补的信息服务网络，配备计算机和网络通信设备，通过多种媒体扩大信息覆盖面。

3. 资金雄厚

北京市经济发展水平处于全国前列，2017年人均GDP超过20000美元，达到中等发达国家的经济发展水平，政府财政实力雄厚；北京市财政局为了鼓励支持发展首都现代农业，设立了北京市现代农业生产发展专项资金，以支持鼓励农民专业合作组织、北京农业龙头企业；同时，各大金融机构总部齐聚北京，北京农业发展融资方便、快捷。

此外，北京市政府拥有较强财力和支农力度，支农惠农政策具有一定程度的先行性。自党的十六大以来，北京市不断调整城乡之间的投资比例，政府投资向郊区倾斜。在地方可支配财政收入不断增加的条件下，政府有条件从较高层次上统筹城乡和地区发展，逐步解决了一些对农村的亏欠问题，并从政策、制度和机制上加强对解决"三农"问题的探索。近年来，北京市除认真落实粮食直补政策、农机补贴政策等外，还不断探索采取专项资金、支持向农民贷款、奖励和奖励性支持、购买服务、支持农业保险、直接补贴等多种支农方式。这些都使北京市农业发展具有明显的资金优势。

4. 市场广阔且多样化

北京市农业发展的领先优势与其良好的市场发展环境密不可分。北京农业市场消费群体及消费层次多样化，而农产品的加工业更是为多样化的农产品市场提供了保障。此外，在农产品市场开发方面，北京市采取了很多有效措施，例如，通过加工转化、分部位销售、分级销售以满足消费者的不同爱好，开拓农产品的第二市场，以及利用消费者对反季节上市的时鲜农产品的青睐，运用生产、贮运、保鲜技术调整农产品的上市季节，开发新型农产品市场。

5. 招商引资魅力大

改革开放以来，特别是我国加入世界贸易组织（WTO）以后，与国际市场的接轨很大程度上促进了我国农业的发展，国外企业或商人的投资很大程度上充实了农业市场的发展。作为首都，北京在市场、人才、科技、信息等方面的优势，使其在招商引资中更具魅力。此外，政府的招商引资力度较大，范围较广。政府可以在用地优惠、财政扶持和金融扶持方面为招商引资提供适当的优惠政策，增强招商引资的吸引力。

6. 品牌效应良好

"品牌是顾客、渠道成员、母公司等对品牌的联想和行为，这些联想和行为使得产品比在没有品牌名称的条件下获得更多的销售额或利润，可以赋予品牌超过竞争者强大、持久和差别化的竞争优势。"北京农业的品牌形象无疑在很大程度上促进着其发展进程。北京农业在社会大众中的口碑良好，品牌形象呈正效应发挥作用，在树立农产品的品牌形象方面做着不懈的努力，北京农业朝着科技含量高、品牌效应强、产品有地方特色的道路发展，引导和支持农民对富有特色、具备市场优势的产品实行商标注册，并对有关产品的商标、知识产权给予有效的保护和宣传，如平谷大桃、怀柔板栗、大兴西瓜和房山柿子，以及怀柔的虹鳟鱼、小汤山的绿色蔬菜等，都应列入其中。

发挥首都国际会展资源优势，从农产品、农产品博览会、京郊农业3个层面，开展交流、推介、经贸活动，打造品牌、树立声誉、扩大影响。挖掘首都的消费潜力，利用首都在高端、时尚消费领域的影响力，引导和组织农业、科技、流通、金融等领域的力量，开展产品和技术研发、生产经营投资模式创新，建立起京郊农业良性发展的动力体系，在农业发展上形成前沿优势，在农产品消费中占领高端市场（北京市统计局，2018）。

7. 外贸成绩喜人

北京农业发展不仅具有吸引外资的魅力，更具有良好的外贸成果，"引进来"与"走出去"两方面都取得了较好的成果。农产品的出口较其他地区更具明显优势，由表4-1可知，总体上北京地区的外贸成绩良好。

表4-1　2016年北京地区海关主要农产品出口量及金额

品　名	出口数量 （万吨）	出口金额 （万美元）
粮　食	1120	50612
果蔬汁	115	11366
肥　料	1873	46280

资料来源：《北京统计年鉴2017》。

　　表4-1中的数据表明，在农产品的国际市场中，北京地区部分农产品的出口量及出口额均成绩可喜，外贸成绩的优势成为促进北京地区农业发展的重要条件之一。当然，也可以通过扩展国际市场，实现出口贸易伙伴多元化这一途径来改善农产品市场的外贸环境，为我国农业市场的外贸持续稳定发展开辟一条切实可行的道路。

（二）北京农业区域合作的劣势

　　北京农业发展面临的突出矛盾是：水资源、耕地资源严重贫乏，生态环境较脆弱。面临的基本情况是：都市型农业生产、生活、生态3种基本功能中，生产功能发达，但初级大宗农产品生产丧失成本优势；生活功能不强，难以满足市民把郊区作为健康消费、休闲旅游的首选之地的消费需求；生态功能尚处于起步阶段，与城市急需的生态环境要求不符。

1. 农业发展空间狭窄

　　农业发展空间划分为绝对和相对两个部分，农业发展的绝对空间是人类对农业发展空间的直观认识，即我们的感官通过其对其他物体的位置而确定了的空间，即农业发展的资源空间。农业发展的相对空间主要是受农业生产者生产意愿、资本、技术、政策，以及消费者消费能力与偏好、市场供求关系、商品流通体系等多种因素制约下的农业发展可能空间。北京作为我国的首都，城市性质和城市功能具有独特性，北京农业发展空间以及对应的结构应该体现这种城市性质和城市功能，但是很明显，在农业方面，北京发展的绝对空间由于地理空间的限制而处于劣势地位（赵华甫等，2007）。北京市的城市性质和城市功能决定了其农业发展较之其他方面处于相对劣势地位，狭窄的农业发展空间成为阻碍地区农业发展的因素之一。

2. 土地资源稀缺

根据北京市土地利用现状变更调查，1996—2004 年建设用地占用耕地的 28.5%，其中，1999 年高达 68%，建设用地扩张直接导致农业的发展空间尤其是农作物的种植空间快速收缩。2017 年，北京耕地面积仅为 12.6 万公顷（北京市统计局，2018）。同时，北京水土流失、土地沙化、土壤质量退化及水资源短缺等环境问题也对农业发展空间提出了严峻的挑战，直接影响到农业资源有效利用，农业发展赖以生存的土地资源在北京极为紧缺。"人多地少"的矛盾在北京表现得十分明显，农业用地有限的现状从地理空间上阻碍了北京地区农业的发展步伐。

3. 劳动力价格过高

目前我国农业的发展模式大多还是采取小规模的经营方式，大规模的机械化运作较少，因此，从某种程度上说劳动力在农业发展中的作用仍不可忽视，而劳动力价格的过快增长的现状则明显增加了农业发展的资金成本，不利于农业生产的进行。北京地区劳动力价格上涨的原因主要可以包括下面几方面。

首先，随着经济形势的好转，以及珠三角、长三角、环渤海湾和东北老工业基地在经济危机后的回暖复苏，全国各地的劳动力需求急剧加大，招工形势也由过去的"局部独秀"逐渐被"全面开花"取代，产业工人的流向比较分散，客观上形成了劳动力多元分流的格局，而且由于各地招工竞争激烈，国内劳动力市场不规范，出现了由"招工"转为"抢工"现象，劳动力市场价格自然会因此提高；其次，受计划生育政策的影响，适龄工作人口逐步减少，这也是造成当下劳动力缺乏的原因；最后，农村政策向好，劳动力有回流趋势。这些都导致了北京农业劳动力市场上出现了供小于求的状态，因此，而过高的劳动力价格制约着其农业的发展（孙波，2012）。

4. 生产资料价格昂贵

近年来，我国各种农业生产资料价格都呈现不同幅度的上涨，北京地区亦不例外。农业生产资料价格指数是用来反映农村居民用于发展生产所购买的生产资料价格变动程度的综合价格指数，包括生产用种子、化学肥料、农用薄膜、饲料、生产用电、生产用燃料，以及大、中、小型农机具等价格变动因素。

根据表4-2，我们不难看出，北京地区部分农产品的生产价格指数有不同幅度的上涨，这一定程度上反映了农业生产资料价格的上涨，而价格的昂贵显然阻碍了其农业的发展。

表4-2　北京地区部分农产品生产价格指数

项　目	农产品生产价格指数	
	2016 年	2017 年
总指数	99.7	96.2
农业产品	94.7	98.5
粮　食	85.3	88.1
蔬菜及食用菌	103.2	99.6

资料来源：《北京统计年鉴2017》《北京统计年鉴2018》。

二、北京周边相关省（区、市）农业区域合作的优劣势分析

（一）优势分析

1. 传统耕作精良

相关省（区、市）农业发展多采用传统的以家庭为单位、精耕细作、小型农业的发展模式，这种模式虽然机械化、信息化、现代化程度较低，但以家庭为单位的小规模耕种使得农产品的生产过程更为精细，细致化程度较高，因而农产品的质量也较为精细。

2. 农业资源（土地、水利、森林、草场等）充裕

与北京市相比，相关省（区、市）农业发展的资源优势主要体现在：第一，水资源充沛。北京地处中国的北部，水资源相对紧缺，农业生产用水紧张，而与之相比，相关省（区、市）受地理位置的影响，水资源充足，农业用水充裕。第二，土壤类型多样。多样化的土壤类型为生产多样化的农产品提供了土壤条件，丰富了农产品的品种。第三，生物资源丰富。不仅畜产品、水产品品种多样，而且种植业物种同样很丰富。这些充足的农业资源是其优于北京农业发展的条件之一。

3. 劳动力资源充裕

劳动力资源指一个国家或地区，在一定时点或时期内，拥有的劳动力的数量和质量（劳动者的生产技术、文化科学水平和健康状况）。影响劳动力资源数量的因素主要有：①人口总量以及人口的出生率、死亡率、自然增长率；②人口年龄构成及其变动；③人口迁移，人口的年龄构成、性别构成和劳动力参与率，影响着现实的劳动力资源数量。作为一个人口大国，我国目前劳动力资源数量丰富，相关省（区、市）的劳动力资源在我国人口基数的大背景下也相当丰富。

4. 生产资料成本低

农业生产资料价格是对农用机械、化肥、农药、农用汽油、农用柴油、农用薄膜、农用橡胶制品等价格的总称。其价格的制定一般遵循的原则如下：①贯彻逐步缩小工农产品剪刀差政策，实行等价交换；②在实行薄利多销时，必须注意应使企业在正常生产、合理经营的情况下，取得合理的利润；③正确处理地区差价关系，在划片定价时，应特别注意毗邻地区价格的衔接，地产地销农用生产资料应保留适当的地区差价；④贯彻按质论价的原则。与北京的生产资料价格相比，其他省（区、市）的物价水平相对较低，农业生产资料价格也较北京低，这给其农业的发展节约了资本，促进农业的发展进程。

5. 农业生产潜力巨大

与北京地区的农业生产潜力相比，相关省（区、市）农业更具发展空间，主要表现在：①作物生产能力方面。只要资金、人力、物力、技术、管理等到位，农作物产量肯定会大幅度提高。②水资源开发利用。包括地表水资源的开发利用、降水资源的开发和农业节水方面的潜力，通过各种措施提高水资源利用效率。③生物资源的开发潜力。包括小杂粮、优势农作物、中药材等资源的开发。④畜牧业发展潜力。充分利用草场资源，合理开发利用草场，改良和推广相关畜牧业养殖技术，在种草种树、退耕还林还草等工程的实施背景下，产业结构和种植业结构的调整，使畜牧业会有较大的发展空间。⑤农业产业化的发展潜力。可以在借鉴其他地方成功经验的基础上，根据实际情况发展多种形式的产业化经营，随着龙头企业规模的扩大、市场经济体系的完善、各种协作组织的成熟等，其农业产业化发展前景广阔。⑥生态农业发展潜力。生态农业在生态系统内形成物质和能量的良性循环，不仅解决了燃料、饲料、肥料不足的问题，而且提高了蔬菜的产量和质量，有利于取得良好的生态、经济和社会效益。其他省市目前的生态农业发展暂处于起步阶段，还有较大的发展空间和发展潜力。

（二）劣势分析

1. 科技含量偏低

农产品的科技含量是农产品是否增值的重要影响因素之一，而当前相关省（区、市）对农业的科技投入较为有限，农产品的科技含量较低，增强农产品的科技含量还任重而道远。相关省（区、市）应大力引进新技术，充分运用多种途径和手段，大力开展科技推广服务工作，加大科技投入力度，提高农产品的科技含量，为发展现代农业提供技术保障。主要从以下几个方面进行：一是推行科技入户制，建立科技成果快速转化机制；二是加大新品种、新技术的引进、示范、推广力度，加快科技成果的转化；三是积极与大专院校、农业科研单位加强合作，借助外力推进技术进步；四是加强技术培训，提高农民素质；五是加快农业技术人员知识更新，增强发展现代农业的能力；六是拓宽融资渠道，建立多元化的农业科技投入体系，加大科技的投入（山东农业信息网，2009）。

2. 质量标准不统一

质量标准是衡量农产品质量的重要指标，包括农产品质量的安全标准、农产品质量的检测标准等，标准的制定与统一对农产品市场的健康发展具有巨大的影响作用，而目前相关省（区、市）在农产品质量标准方面还未形成统一的局面，内部对于标准的认定不一，这从根本上不利于农产品市场的健康发展，阻碍了当地农业的进步与发展。与此相比，北京市相关政府部门制定了详细而明确的农产品质量标准，统一的农产品质量标准的制定有利于提高农产品质量，树立品牌，开拓和规范农产品市场，按统一的标准划分农产品的质量等级和规范农产品标记、广告，是改善市场透明度、开拓和规范市场的前提条件之一。因此，相关省（区、市）在认识到此问题的重要性之后，应进一步加强农产品质量标准体系的建设，改善农产品发展的市场环境。

3. 品牌意识淡薄

随着我国加入世界贸易组织（WTO），我国的农业也面临着国际化，在众多的竞争对手中，如何使本地的农产品脱颖而出，便成为一个值得深思的问题，农产品品牌的建设是改善我国农产品竞争实力的影响因素之一，在激烈的市场竞争中，农产品也应走"以品质求生存，靠品牌抢市场"的新思路，这一思路具有 4 个方面的作用：一有助于农产品的销售，增强市场竞争力；二有助于农业向商品化产业化发展，走规模效益之路；三有助于拉动农业的结构调整，提高我国农产品的国际竞争力，应对"入世"的冲击；四加快了优质产品的市场化进程，同时有利于优质特色农产品的法律保护（史锦梅，2003）。相关省（区、市）在树立农产品品牌方面意识淡薄，行动迟缓，农产品的品牌优势尚未建立和发挥，工商部门尚未对商标品牌的建立进行适当的引导，品牌意识形成的外界环境也亟待改善，此外，农产品的广告宣传亦不到位，这些都导致了其在品牌竞争中处于劣势。

4. 吸引外资不够

外资在我国农业发展过程中一直占据比较大的比重，特别是在一些高端种业领域。与北京市相比，相关省（区、市）由于地理位置、科技条件、声誉状况、市场状况、人才因素等无法大量吸引外商投资，因此农业资金投入有限也是其农业发展的劣势之一。

5. 人才、信息缺乏

农业科技人才是农业发展的人员保证；在信息化时代中，信息及时有效更成为影响农业生产发展的重要因素。相关省（区、市）一方面农业人才投入较少，缺少农业发展专门的技术人员和管理人员；另一方面对于农业市场信息的收集及利用渠道欠缺，在农业发展中信息方面处于劣势。与之相比，北京更具示范作用。据北京市科学技术委员会介绍，种子行业由在京的农业农村部等行业指导机构以及中国种子协会、中国种子贸易协会等行业服务机构共同组成的研发服务业态已初步形成。种子行业的网络信息平台也显示出了强大的影响力。另外，每年有来自国内外数百个科研与生产单位的人员以及大批经营者到北京参观、考察、观摩新品种，北京不仅成为国内外种业新品种展示的平台和窗口，同时还建立起一支以乡土化、市场化、信息化、社会化为特征的农村科技协调员队伍，为北京农业的发展提供了人才和信息保障。

第五章　北京农业区域合作的合力分析及问题研究

农业区域合作，关键是要抓资源配置和市场互动。有资金但缺少土地等资源的要积极走出去寻求发展空间，实现资金与土地资源的有效配置；有土地和特色农产品但缺乏资金的，要通过区域合作的方式把企业和资金引进来，在本地区建立农产品生产基地；同样，有优势农产品但无市场的，要利用区域合作把市场建在主销售区，主销售区则同时把生产基地建在生产基地。

北京是个超大型的消费市场，人口众多，资源紧张，农产品自给率低，必须要通过加强与周边省（区、市）的合作，提高农产品的供应调控能力和应急保障能力。在这个前提下，依托北京巨大的市场、科技、资本优势和周边地区优越的区位、气候、土地等资源，加强北京"菜篮子"外埠基地建设，会成为北京深化农业区域合作、实现共赢的战略选择。

一、科技与生产的结合

（一）北京的科技优势

北京是我国创新资源的密集区和创新辐射源头，集中了众多的国家级研究院所，是我国最大的科研成果产出地。在研发活动执行机构中，科研院所从事科技活动人员占全国该类人员的1/6，高等院校从事科技活动人员占全国该类人员的1/7。北京有中国农业科学院、北京市农林科学院、中国农业大学等一批农业科研院所，农业科技人才资源丰富，科技成果不断涌现，具有较强的创新能力。全国著名的高校及著名的科研院所，包括中央各部委的研究机构大都在北京，两院院士有一半以上也在北京。良好的科研环境和丰富的科技资源决定了北京是设立研究开发机构的最佳区位。同时，北京市强大的教育系统将为农业企业总部的业务运作提供各种高素质的专业人才。北京周边区域应充分承接北京创新技术的"溢出效应"，打造国家部委、高等院校和科研院所的科研中试基地和成果转化基地。

（二）北京的科技合作项目

2000 年以来，承德每年都举办与北京市科研院所项目对接的活动，促使京承技术对接领域不断拓宽，科技成为承德现代农业提速的"助跑器"。

2009 年，承德市政府与中国农业大学、北京林业大学、北京市农林科学院签署了市校合作协议，签约合作项目 11 个，总投资 25.67 亿元。京承农业合作进入新的发展时期，在规划、政策、市场、科技和信息等方面实现了全方位对接和深度融合。

在科技合作方面，承德先后与中国农业大学、中国农业科学院、北京农学院、北京中医药大学等 10 多家高等院校及科研单位建立了相对稳定的合作关系，形成了产学研相结合的框架，引进承德粮食基地建设项目、隆化牛胚胎移植项目、中国农业大学无抗猪等农业新技术、新品种、科研新成果 50 多项。在农业信息合作方面，承德已有 280 多家农业企业加入北京城乡农业信息网，实现了信息资源共享。

二、资本与土地的结合

在需求层面，作为拥有 2000 多万人口的首都，安全、优质、充足的大众蔬菜供应是关系市民"吃饭"和社会秩序稳定的民生工程。在供给层面，北京 62% 面积是山区，蔬菜种植生产受到土地资源和水资源的限制，造成大众蔬菜供给不足；同时北京农业的定位为都市型现代农业，更倾向于满足生态、休闲、观光、文化、教育等高层次功能，而且随着工业化、城市化的进程，上述功能会日益突出和强化（吴宝琴、何雨竹和梁娜，2011）。

相对于农业产业化庞大的资金需求量而言，农民自身的积累只不过是杯水车薪，政府的财政投入也难以弥补巨大的资金缺口。在这种背景下，城市产业资本介入农业，不但可以为农业产业化提供资金支持，还可以带来现代工业生产中的先进的技术和管理。具体的合作模式包括"公司+农户"模式、"生产基地+农户"模式（李瑛，2011）。

三、生产与销售的结合

据了解，每年第三季度，河北张家口市的"坝上蔬菜"就占到了北京蔬菜市场40%以上的份额，而销往北京市场的200万吨蔬菜，也占到张家口市蔬菜外销总量的50%。2008年以来，北京市与河北张家口市开展了两市蔬菜产销合作，在蔬菜生产基础条件、产销对接网络建设等方面给予支持。"京张合作"模式成功后开始向其他地区推广，北京的大型企业也纷纷在外埠建设以蔬菜为主的农产品生产加工基地。2011年，首农集团、顺鑫农业、绿富隆等企业在河北、重庆等省市建立蔬菜基地29个，新增外埠蔬菜生产基地4万亩。新发地、首农集团、顺鑫农业等企业外埠蔬菜生产基地达到20万亩，年产各类蔬菜逾60万吨。同时，顺鑫农业、二商集团、中地种畜、御香园、北京卓宸等农业龙头企业，发挥行业优势做大做强外埠基地，在河北、山西、内蒙古等地建立了一大批生猪、肉禽、肉牛、禽蛋等"菜篮子"产品生产基地。目前，北京已基本形成以农产品批发市场为核心，社区菜市场为基础，各类经营业态互补，遍布城乡的多层次、多元化农产品流通体系格局。新发地、大洋路、顺鑫石门等9个重点农产品批发市场形成京西南、京东、京北三大聚集区，在辐射和集散农产品、保障本市城市农产品供应安全方面发挥着重要的作用；全市共有规范化社区菜市场、农贸市场、社区便民菜店、生鲜超市连锁店铺、直配企业及商户4100多个；在此基础上，"农超对接""农餐对接""场店对接""保本菜摊"等短链直供模式成为现代农产品流通体系建设的重点环节。目前北京市6家大型连锁超市企业与全国110多个农业生产基地建立了合作关系，其中50%以上在外埠，主要分布在河北、山东、新疆、内蒙古、海南、福建、甘肃等地。

京承农业合作促进了农民增收。目前，承德市有200多家农业产业化龙头企业与农民签订了收购合同，同时加入北京销售网络，实现了"小农户"与北京"大市场"的有效对接。据统计，承德每年向北京等周边市场供应蔬菜250万吨、食用菌20万吨、肉鸡1亿只、鸭1000万只、生猪300万头。

四、初级生产与精深加工的结合

京承农业合作为拉动承德的农业结构调整、农业增效、农民增收起了明显作用。承德的农业内部结构得到优化，全市肉类、乳品、菌菜、果品、中药材五大产业集群初具规模，农产品加工企业开始向园区聚集。截至2017年8月，承德进入园区的农业产业化龙头企业达到323家，其中国家级4家，省级30家，实现产值160亿元，五年内实现了3倍增长。产值超过1亿元的农业龙头企业达到23家，超10亿元的2家。特别是首农集团、千喜鹤、顺鑫农业、汇源集团等国家级龙头企业的进入，使承德农业结构由传统的"蔬菜、食用菌、马铃薯、玉米制种"向"肉类、乳品、菌菜、果品"等特色产业转变，畜牧业的比重得到了极大提高。承德的肉类、乳品、果品、中药材五大农产品加工产业崛起，而畜牧业也迅速取代传统种植业成为第一主导产业。在农业增效方面，在龙头企业的带动下，当地的农业标准化、基地认证、品牌建设快速推进。2011年，承德农业标准化基地就已发展到255万亩，占全市总耕地面积的一半以上。承德绿色有机农产品源源不断地进入北京高端消费市场，在北京的知名度和美誉度不断提高，成为首都绿色有机农产品生产加工基地。

五、农业与第二、第三产业的结合

在与北京市深度合作中，承德市深刻认识到，走出一条具有承德特色的现代农业发展之路，要围绕生态涵养、水源涵养的功能定位，走协同发展之路；要围绕北京都市农业产业定位，走错位发展之路；要大力弘扬塞罕坝精神，走绿色发展之路。

目前，承德正全面构建以生态高值农业为主体，品质农业、美丽农业为两翼，立足一二三产融合，生产、生活、生态三生融合，生产、经营、产业三大体系结合，遵循有机农业、功能农业、智慧农业、循环农业"四条路径"，坚持国家农业高新技术产业示范区、京津冀绿色有机高品质农产品供应区、京津冀功能农业发展聚集区、京津冀首选农业休闲旅游观光度假区、京津冀现代农业创新改革先行示范区"五区同建"，推进美丽乡村、脱贫攻坚、乡村旅游、农业园区、民俗文化、沟域经济"六位一体"的现代生态农业发展新体系。

北京首农集团 2015 年就分别与河北省承德市政府、天津港集团签订协议，共同启动"御道口国际生态旅游度假区项目"和"天津港首农食品进出口项目"，加速京津冀协同发展。根据协议，"御道口国际生态旅游度假区项目"将致力于打造"京承御道游"和"京承御道生态旅游经济带"，使之成为北京市产业转移和功能疏解的典范、国家京津冀协同发展战略的亮点。"天津港首农食品进出口项目"位于天津自贸区东疆保税港区内，总占地面积 5.6 万平方米，总投资超过 2.6 亿元，将覆盖北京、天津、河北、山西、内蒙古等地区，对京津冀地区食品供给起到支撑作用。

六、存在的问题

第一，区域间农业发展水平存在差距。北京的都市农业发展处于国内领先水平，加工企业、科技力量、技术人才等方面都有雄厚的基础，农产品科技含量较高、农业产业化水平很高，龙头企业带动作用明显。其他合作地区的农业发展水平与北京相比相对差距比较大。在较大差距水平上如何寻找农业合作的基点是面临的主要问题。

第二，各地农业发展的目标有所差异。因为不同地区农业发展的环境基础和起点不同，各地制定的农业发展战略、发展重点、政策措施等也有所不同。农业区域合作的价值趋向可能成为影响合作的关键性因素。

第三，农业区域合作在体制上存在障碍。各个地区分属不同的行政区域，农业管理机构、管理体制、考核机制等不尽相同，如何打破行政区域"壁垒"，突破地方保护思想，这是推进农业区域合作与发展的重要基础。

第四，区域农业合作的影响力尚不突出。目前的合作主要以农业投资、农业科技合作、农产品产销合作等为主要形式，属于较浅层次的合作。区域农业合作对农业政策、农业规划布局、农业资源配置等方面的应有作用还没有体现出来。

第五，区域农业合作缺乏完整的规划和系统的指导。北京与外省（区、市）开展农业合作是一项必须长期坚持的重要战略举措，需要认真规划，才能做到合理运作。但是，由于目前缺乏开展农业区域合作的整体规划、各省（区、市）间的合作规划以及企业间合作的长远规划，导致在农业区域合作中产业布局不合理，各省（区、市）间分工不明确，合作项目雷同，企业投资存在一定程度的恶性竞争，缺乏对生态环境的有效保护，在产生纠纷时处理渠道不畅通，削弱了合作的基础，合作不能均衡健康发展。

第六，农业区域合作尚存在信息和资金等诸多方面的困难。一是信息服务有滞后现象，准确、及时的信息对于开展北京与周边地区的各种农业合作非常重要也非常迫切。很多企业表示，他们最缺乏的就是各地区市场与政策等方面的信息。二是资金支持力度欠缺。农业项目的特点是投资大，投资回收期长、风险性大。北京为鼓励农业企业到外埠投资虽然出台了一些优惠政策，但力度不够，应加大支持力度。

第六章　北京农业区域合作典型案例

一、北京与承德合作案例

承德位于河北省东北部，是河北省的地级市，下辖1市3区7县，面积39519平方千米，人口370万人，距离北京180千米。

京承农业合作是在国家新的战略指导下开展的有效合作。北京作为核心城市发挥带动作用，是合作成功的重要前提。北京已把农副产品统一市场和农副产品联合检验、检疫体系建设作为重点内容之一，同时，把京张承三市（北京、张家口和承德）协同治水作为重点项目之一。这些无疑为京承农业合作进入战略操作层面提供了可靠保障。

作为河北省紧邻北京的城市，承德"十五"规划期间确立了"工业立市、农业强市、旅游旺市"发展战略。在《生态城市建设规划》编制中提出了"把承德建设成为首都绿色农产品基地"的战略构想。拟定了为首都提供农产品为主要内容的《"十一五"农产品发展规划》，力争在为区域提供服务中求发展。这就使得合作具有了可靠保证。

北京与承德的农业区域合作始于2004年。承德2004年人均GDP为8342元，基本处于农区型农业向城郊型农业转型阶段。2004年，承德全市城镇居民人均可支配收入和农民人均纯收入分别约为北京的1/2和1/3，经济发展水平具有梯度性。2004年承德畜牧业产值占农业总产值比重基本与北京持平，重点发展的是肉牛、肉猪等初级产品。因而，在北京缺乏竞争力的农业初级产品，对承德而言可能具有生产优势。京承两地农业资源禀赋和发展阶段的互补性差异，为京承区域农业合作提供了坚实基础。

"十一五"规划前，京承农业合作的主要产品为生猪养殖、畜牧业、肉鸡养殖等。大的项目主要有以下几个：一是北京千喜鹤食品有限公司与四川新希望集团联合在宽城县建设百万头生猪产业化项目，总投资20亿元；二是北京三元集团畜牧业产业化系列项目，涉及承德的4个县区和御道口牧场，总投资11.67亿元；三是北京华都集团的肉鸡养殖项目，投资5亿元。"十一五"规划之前，京承农业合作项目已达100多个，总投资额达80多亿元。其中，北京市有10个国家级、10个北京市级农业产业化龙头企业投资承德。北京企业在承德建立农副产品基地62个，面积达120多万亩。

2004年8月，时任北京市农村工作委员会主任李进山，带领北京市农产品加工流通企业和相关农业院校负责人60余人，赴承德考察农业资源，京承农业合作开始启动。

2004年9月23日在北京举办了"首届北京承德农业项目洽谈暨农产品推介会"，在此会上承德组织了全市76家农业企业，对20类、272种农产品及加工产品进行了展览，这次会议共签订农业加工项目43个，总投资13.2亿元。

2004年12月16日承德市市政府代表团与北京市政府举行农业合作座谈会，双方在农业合作方面达成共识，确定"资源共享、产业融合、互利双赢、共同发展"的原则。

2005年8月3日，时任北京市市长王岐山率北京市政府代表团到承德考察，双方举行了京承区域经济协作座谈会，就进一步推动两市经济合作与发展达成了一致，双方就水资源保护和环境治理、蔬菜和畜牧基地建设、标准农产品进京、劳务基地开发达成六项协议。

2005年8月19日，"首届京承农业合作论坛"在承德成功举行，论坛主要成果为北京建设都市型现代农业，承德打造绿色农产品生产加工基地。时任河北省副省长宋恩华、北京市副市长牛有成致电祝贺。牛有成指出"京承农业是互补的产业，如不合作无以互补，京承合作是双赢的项目，如不精诚无以双赢"。京承双方就促进北京都市型现代农业的发展，开放北京市场，把承德建设成北京的绿色农产品基地达成共识。北京明确表示把承德作为农业合作的首选地。双方由以前以项目为主的合作方式上升为战略联盟式合作伙伴关系。这是京津冀都市圈和环渤海经济圈内农业的首次战略联盟式合作。

2005年8月28日，作为京承农业合作的重大成果，北京最大的农牧业国企、中国乳业三巨头之一的北京三元集团有限公司与承德市人民政府正式签订合作协议。以联合成立股份公司的形式，以河北保存最完好的占地1000 平方千米优质大草原开展基地合作，将基地主体转移到承德，标志着承德打造北京绿色农产品基地的良好开端和实质性运作。随着三元集团等一批北京企业的介入，承德农业开始加速发展。同年 10 月 25 日，河北省通过了"十一五"规划的建议，明确指出要初步形成京津冀都市圈农产品生产加工基地。同年 11 月 11 日，北京市出台的《关于加快发展都市型现代农业的指导意见》指出，总体发展布局之一是形成与外埠基地横向联系为主的合作农业发展圈。以京承农业合作为起点，京津冀都市圈农业合作即将迈入新阶段。

"十一五"规划以来，承德市涉农企业与北京多家高校、科研院所进行合作，通过"龙头企业+院校"模式提升了企业创新能力，提高了产品附加值，扩大了市场占有率，促进了生态有机猪、山楂、山杏、食用菌、板栗、蔬菜等一批优势特色产业的发展。承德市农业产业化经营率达到了 62.5%，农产品及加工品获中国驰名商标 4 件、河北省著名商标 36 件，绿色食品生产加工企业 43 家、共有 68 种产品。

2007 年 7 月 27 日，以"合作、生态、和谐"为主题的"第二届京承农业战略合作研讨会"在京举行，时任承德市市长艾文礼就打造五大基地（即生态屏障与水源涵养基地、优质农产品生产加工基地、产业转移承接基地、科技成果转化基地、森林草原观光休闲基地）、建设生态型现代农业的主题作了演讲。京承双方签署了扶持合作项目的政策合作备忘录（承德市人民政府，2007）。

作为京承合作的成果，北京市还组织承德农民专业合作社理事长赴京培训班，承德市各农民专业合作社理事长、各县区农村工作委员会主管农民专业合作社的领导、市供销社主管领导等 100 余人参加了培训。培训班邀请了北京市"三农"方面的领导、专家就农业品牌建设、农产品质量安全认证与风险管理、北京农民专业合作社发展概况等内容进行了专题授课，并现场考察了北京的合作社企业，对加强承德农民专业合作社建设，进一步规范合作社内部管理，提升农民专业社的整体水平起到了积极作用。

2004—2012 年，京承农业合作项目已达 98 个，总投资 115 亿元，到位资金 80 多亿元，双方合作农业项目涵盖承德 15 万个农户，占全市农户总数的 18%。截至 2012 年 3 月，已有首农集团的三元公司和华都公司、顺鑫农业、京粮集团、北京新发地农产品批发市场、千喜鹤等10多家国家级农业龙头企业在承德兴办企业，建立生产基地（雷汉发和孙艳，2012）。

2013年7月29—31日，第五届京承农业战略合作座谈会在承德举行，双方签订了12个农业合作项目，总投资141亿元。12个合作项目涉及设施农业、循环农业、林业经济、畜牧业等，包括北京市金骄集团与承德市林业局2.3亿元的林业生物质能源项目、北京中洋美伊国际贸易有限公司与围场满族蒙古族自治县政府签订的5.8亿元现代农牧业循环经济标准示范区项目等。

2018年7月25日，京承农业产业扶贫协作发展会议在北京召开。会上进行了合作项目签约，京承两地在农业科技合作、农产品加工、农业一二三产融合、农产品产销合作等方面达成合作项目26个，总投资90.8亿元。承德市市长常丽虹表示，这次会议对进一步深化京承两地农业合作、促进承德脱贫攻坚具有重要意义。京承农业合作自2005年拉开序幕以来，已成为区域合作的先行者和样板，丰富了北京人民的"菜篮子"，也鼓起了承德人民的"钱袋子"。

除此之外，近年来，京承合作还建立了一批特色产业。例如，围场满族蒙古族自治县依托资源和传统优势，因地制宜发展县域特色产业，倾力打造"一乡一品、一村一特"发展模式，在京津冀协同发展中实现特色产业发展新突破。汇源集团现代养生农业产业园项目在承德签约，该项目落户承德，标志着双方优势互补、共赢发展开启了新篇章。汇源集团是国内果蔬饮料行业的领军企业，经济实力雄厚，经营理念超前，营销服务网络遍布全国，促进了水果种植业、加工业及其他相关产业的现代化发展。汇源集团进驻承德，进一步挖掘了食品与健康养生产业的新内涵，是资源与资本、区位与市场、龙头与基地的成功结合，必将有力推动承德转型升级、绿色崛起。

二、北京与张家口合作案例

张家口市位于河北省西北部，地处北京、河北、山西和内蒙古4省（区、市）交界处，东临首都北京，西临山西大同，南接华北腹地，北靠内蒙古草原，是沟通中原与北疆、连接东部与中西部的重要通道。全市辖6

区、10 县、2 个管理区和 1 个经济开发区，全市总面积 3.7 万平方千米，耕地总资源 1260.3 万亩。从 2008 年开始，北京市就在张家口扶持蔬菜生产基地，并以每年 2 万亩的速度增加，同时，从 2008 年开始，北京市就开始与张家口市联合举办农业协作会，促进北京市城区与张家口蔬菜生产县进行农业合作磋商交流。2011 年张家口有 130 万亩地种植蔬菜，其中 50% 供应到北京（何衡柯，2011）。2017 年张家口蔬菜种植面积达 154.69 万亩，总产量达 570.31 万吨。每年第三季度，河北张家口市的"坝上蔬菜"，就占到了北京蔬菜市场 40% 以上的份额。

从自然条件看，河北省与京津同属华北平原暖温带大陆性气候旱作耕作区，相同的农业自然条件是京津冀城市化进程中难以分离的自然基础。从历史看，冀北和冀南历来是"京畿重地"，不仅是军事重地，而且是农产品的供应地。

"十一五"规划之前北京与张家口农业合作的主要包括以下方面。

2003 年 11 月 24 日，在张家口农业绿色食品推介及农业项目洽谈会上，张家口市农业局与北京市农业局签署了农产品开发合作框架协议，这标志着两地在多年合作基础上正式建立农产品开发合作机制。会上，两地企业共签署了 22 项绿色食品及农业项目，总投资 10.51 亿元。

北京三元集团与张家口的农业大合作。2004 年 6 月 15 日上午，北京三元集团有限责任公司与张家口市政府在北京签署了《农业经济技术全面合作框架性协议》，将在奶牛繁育、肉牛饲养，北京鸭饲养，种猪繁育、生产，饲草、饲料基地建设，绿色蔬菜基地，以及其他农业新技术推广应用等方面进行全面合作（阎锐，2004）。

2008 年 7 月，北京市委常委牛有成带领考察团到张家口就奥运期间蔬菜及其他农副产品供应工作进行考察，并就加强京张两地蔬菜等农产品产销合作提出了建议。

北京三安公司在张家口也建立了蔬菜等有机农产品生产基地。2008 年年初，三安公司应邀到张家口怀来县、崇礼县①进行实地考察，认为张家口具有良好的自然环境和产业基础，并决定在怀来县建立 1 万亩蔬菜、0.3 万亩草莓、3 万亩土豆、100 万平方米食用菌、3 万亩葡萄、0.5 万亩苹果、10 万头生猪、100 万只蛋鸡等有机农产品生产基地，在崇礼县建立 0.11 万亩

---

① 2016 年 1 月，张家口市部分行政区划调整获国务院批复，撤销崇礼县，设立崇礼区。

有机蔬菜基地。

北京昌平农业服务中心着手在张家口怀来县建立草莓种苗生产基地。2008年12月，张家口农业局刘永平局长带队到北京昌平天翼公司考察日光温室，并代表张家口洽谈农业项目合作事宜。

近年来，京张共同努力推进两地蔬菜产销直供健康发展。两地大力开展"农超、农校、农市、农社、农企"五大对接，积极推广"超市+合作社+农户"紧密型合作模式，以农超对接为重点，不断完善直供直销体系。同时，积极搭建产销对接平台，通过每年举办坝上蔬菜博览会、京张蔬菜产销对接洽谈会等系列活动，促进京张蔬菜产销对接。此外，还建立了对接组织体制。

京张农业区域合作在两地政府的高度重视和正确领导下，充分发挥北京科技、资本、市场，以及张家口土地、劳动力等资源优势，以供京蔬菜基地建设为重点，以推动张家口地区农业产业升级、农民增收致富和保障首都农产品安全稳定供给为目标，实现了农民、企业、社会的共赢，总结起来，主要有以下5方面效果。

第一，增强了北京"菜篮子"保障能力。每年7—9月（北京蔬菜生产淡季），北京市场供给的蔬菜40%左右来自张家口地区，张家口已成为北京重要的蔬菜供应基地。随着京张蔬菜产销协作的深入开展，尤其是京张"农超对接"直供渠道的开拓，张家口蔬菜等农副产品供京直销量占供京总量的60%。

第二，加快了北京农业"走出去"发展步伐，推进了北京农业产业化进程。根据北京自身条件和资源禀赋，实施农业"走出去"，是北京都市型现代农业发展的战略选择。通过北京市财政的投入，支持北京二商集团、康坦农业集团、绿富隆公司、农业投资公司、裕农公司、东昇农业等涉农企业，在张家口建设蔬菜直供基地，支持北京二商集团、北京首农集团在张家口建设畜牧业外埠基地。

第三，促进了张家口农业产业升级和农民增收致富。一是通过蔬菜膜下滴灌工程精品示范基地建设，加快了项目区土地流转进程，促进了蔬菜规模化经营。助推了蔬菜产业上档升级。二是随着新品种、新技术广泛推广应用，促使菜区原有品种向高产、优质、精细化方向转变，推动了蔬菜主产区的品种调整优化和品质提升。三是通过开展农民培训，提高了当地菜农新品种推广、播种技术更新、管理监测技术普及、改变了传统生产营销模式，促进了蔬菜产业发展方式的转型提高。

第四，推动了水资源高效利用，为保护首都水源地发挥了积极作用。通过实施京张农业协作蔬菜膜下滴灌工程，带动了当地节水种植技术的大面积推广，减少了地下水资源开采，促进了水资源科学开发，对保护首都水源地的生态环境起到了积极作用。据统计，通过应用膜下滴灌技术，每年可节水 3000 万立方米，辐射带动张家口各类农作物推广管灌、喷灌、滴灌等节水技术近 300 万亩，年可节水 6 亿立方米。有效遏制了蔬菜产区地下水资源过度开发，促进了当地农业可持续发展。

第五，探索创新了北京农业区域合作新模式。通过农业区域合作，京张双方构建了政府间合作与企业投资建设相结合的北京"菜篮子"外埠基地建设体制，同时形成了沟通交流、部门协调配合、财政补贴保障、产销对接、制度保障五大运行机制。

三、北京与吉林合作案例

京吉合作始于 2009 年 9 月 8 日，时任北京市副市长夏占义与吉林省委常委房俐签署了京吉生猪产销合作协议。吉林承诺在 3 年内供应北京活猪400 万口，北京将为吉林省生猪进入北京市场开辟绿色运输通道，同时鼓励北京企业到吉林省建立生猪养殖基地（北方牧业，2009）。

北京与吉林的合作还体现在旅游方面。北京和吉林地缘相近，旅游产业有很大的关联性，旅游资源各具特色，有很强的互补性。北京历史悠久，人文荟萃，旅游资源丰富，旅游环境优越，发展旅游业经验先进。吉林旅游资源差异性强，生态、冰雪、边境、民俗等特色旅游产品深受广大游客的喜爱，开发潜力巨大。近年来，随着两地旅游产业的快速发展，旅游交流与合作更加密切频繁，已发展成为旅游区域合作的重要伙伴，互为重要的旅游客源市场。

四、北京与山西合作案例

京晋农业合作始于 2009 年首届山西特色农博会。在会上，政府层面的沟通和交流已经开始，山西省农业厅与北京农村工作委员会已签订产销合作框架协议。根据协议，双方本着"资源共享、优势互补、互惠互利、共同发展"的原则，达成农产品产销合作（2009—2012 年）框架协议。根据协议双方还制订优惠政策，开展农产品产销、技术等方面的合作，北京把山西列为首都农产品重要供应基地，山西将规划建设一批稳定供应北京的优质奶、羊肉、猪肉、禽蛋、杂粮、蔬菜生产基地。

2010 年，山西省农业厅又组织了山西特色农产品北京展销周活动，进一步推动了京晋区域合作和产销衔接。2010 年，晋京农业区域合作的第一个项目——北京顺鑫农业股份公司投资 1.8 亿元的商品猪基地项目落户山西大同市阳高县。2011 年 4 月，大同市人民政府与北京新发地农产品批发市场签订了北京新发地大同农产品批发冷链物流项目。该项目总投资 20 亿元，占地面积 900 亩，规划建设内容包括总容量为 6.5 万吨的大型冷藏库，以及蔬菜、水果、粮油、水产品、花卉等交易大厅（王菲菲，2011）。2011 年10 月第二届山西特色农博会上，京晋又签订了 51 亿元的"大单"。

山西农业以特色取胜，近年有了长足进步，但仍面临规模不大、水平不高，特别是龙头企业带动能力不强的问题。因此，需要通过区域合作，特别是京晋合作，招商引资来壮大山西农业。同时，北京对鲜活农产品的需求量很大。北京现有的农业资源无法满足庞大的市场需求，蔬菜自给率不高，尤其是秋季对北方省份的蔬菜依赖性很强，也急需在周边开展农业区域合作。为此，山西将北京列为"最大最好的合作伙伴"，开展京晋农业合作成为双方共同的需求（王菲菲，2012）。

五、北京与内蒙古对口帮扶案例

走进有"中国薯都"之称的内蒙古乌兰察布市，在位于察右前旗的京蒙合作产业园内，你会看到一座现代化的工厂拔地而起，工厂旁有一座规划展览面积 3000 平方米的"中国马铃薯博物馆"。这就是由北京赴内蒙古第三批挂职团队在京蒙两地科技、农业部门的支持下，引进北京凯达恒业农业科技有限公司投资建设的全自动薯条加工厂。2015 年 12 月 2 日，北京凯达恒业农业科技有限公司与乌兰察布市察右前旗政府签订投资建厂协议，总投资 8 亿元，在察右前旗建设一座现代化的全自动薯条加工厂，具备年处理马铃薯 16 万吨的能力，年可实现产值 10 亿元，解决 300 人就业，带动周边马铃薯种植面积 8 万余亩。凯达恒业一跃成为乌兰察布市"薯都"土豆深加工企业中的"领头羊"，为"薯都"乌兰察布市延长了土豆产业链条（徐峻峰，2018）。

（一）北京与内蒙古对口帮扶合作的历史

北京和内蒙古的对口帮扶合作由来已久，迄今已达 25 年。25 年的携手共进，让内蒙古和北京的发展血脉相连，你中有我，我中有你。

1996 年，中共中央、国务院做出开展东西扶贫协作的重大决策，决定北京对口帮扶内蒙古的贫困旗县，北京与内蒙古两地建立了对口帮扶关系。北京与内蒙古对口帮扶合作是中央东西部扶贫协作重大战略部署，是支持民族地区、西部地区发展的重大决策，也是贯彻《中华人民共和国民族区域自治法》、促进各民族共同繁荣发展的重大举措。

1997 年年初，时任北京市委书记的贾庆林曾率团赴内蒙古考察，并签订了《扶贫协作和经济技术合作会谈纪要》，宣告两地正式展开"对口帮扶"之旅。此后，北京市以内蒙古的 18 个贫困旗县为重点，进行全方位帮扶。双方本着"优势互补、注重效益、互惠互利、共同发展"的原则，广泛深入地开展了多层次、多形式、多渠道的对口帮扶与合作工作。帮扶期间内蒙古每个对口帮扶受援旗县享受北京市无偿帮扶资金物资，全区有近百万名贫困农牧民从中受益，基本解决了温饱问题。

此后，为了提升帮扶合作效率，北京、内蒙古两地决定从"十二五"规划起，对两地原结对关系进行适当调整。2010 年双方签署《内蒙古自治区·北京市经济社会发展区域合作框架协议》，合作的广度和深度得到空前扩展。协议明确提出，对口帮扶的对象从原来分属 8 个盟市的 18 个贫困旗县，调整为重点帮扶赤峰市和乌兰察布市。"一对一"结对帮扶关系实现了对赤峰市、乌兰察布市 16 个国家级贫困旗县的全覆盖。帮扶政策的改变，使得帮扶资金更加集中，同时降低两地的帮扶成本，提升帮扶资金的使用效率。2010 年 12 月 20 日，北京市—内蒙古"十二五"时期对口帮扶合作工作启动大会举行，全面推进对口帮扶和区域合作各项工作，标志着北京与内蒙古两地新一轮对口帮扶合作正式步入实质性操作阶段。

"十三五"期间，为深入贯彻落实习近平总书记在东西部扶贫协作座谈会上的讲话精神，进一步推动北京与内蒙古两地全方位、多领域、深层次合作交流，2016 年 9 月，两地政府又共同签署了《北京市人民政府　内蒙古自治区人民政府关于进一步加强京蒙对口帮扶和全面合作的框架协议》。协议的签署，进一步指导两地各部门、地区和社会各界，更好地发挥北京与内蒙古两地的比较优势，开展更加全面、更加紧密、更加科学的合作，实施更加精准、更有实效的对口帮扶，实现两地共同发展进步，开创京蒙对口帮扶和区域合作新局面。2017 年，按照北京与内蒙古两地政府的工作部署，对口帮扶重点地区在赤峰市、乌兰察布市基础上，新增通辽市、兴安盟。至此，北京与内蒙古对口帮扶合作已涉及 4 个盟市的 25 个国家级贫困旗县，其中通辽市纳入结对帮扶范围，兴安盟纳入资金帮扶范围。

（二）北京与内蒙古对口帮扶合作成就显著

从 1996 年确定北京与内蒙古对口帮扶以来，北京市投入大量的人力、财力和物力，实施了上千个扶贫开发项目，鼓励支持企业到内蒙古投资，在产业发展、基础设施建设、生态环保、市场开拓、干部人才、教育科技、文化卫生、体育等方面，给予了内蒙古全方位的支持，使内蒙古脱贫攻坚取得了明显成效。

2010 年，北京与内蒙古两地签署了"十二五"时期区域合作框架协议，北京市进一步加大对内蒙古的支持力度，双方在农牧业、能源、交通、旅游等多个领域开展合作，取得了全方位突破。"十二五"期间，北京市选派了三批共 129 名干部来到乌兰察布、赤峰两市的贫困旗县和自治区区直机关挂职，在乌兰察布市和赤峰市有针对性地实施帮扶项目 200 多个，鼓励支持北京市的企业到内蒙古投资了 1930 多个项目，京能集团、京东方集团、北控集团、首创集团等一大批北京企业项目相继落户内蒙古，到位资金 5600 多亿元，北京已成为内蒙古第一大投资来源地。北京还在市场开拓、干部交流、人才培训、教育、科技、文化、卫生、体育等方面，给予了内蒙古全方位的支持。通过实施 99 个农牧业产业化项目，带动了 6700 多人就业，经济效益达到 2.85 亿元；20 个整村推进及基础设施建设项目，改善了 16 万多名贫困人口的生产生活条件。全面实施教育扶贫，支持 39 所学校建设，涉及 4 万多名学生上学就业问题；建设了 26 所幼儿园，保障了 8000 多名孩子就近入园；对 16 家医疗机构进行改造提升，极大地提高了当地医疗水平。

启动人才培训工作，以"请进来""走出去"的方式在教育、文化、卫生、科技等10个重点领域实施培训计划378个班次，培育各类人才2.1万多人。

以2015年派出的第三批北京赴内蒙古挂职团队为例，挂职干部充分发挥团队优势，北京与内蒙古在合作机制、智力援助、产业扶贫和重点帮扶方面实现了新突破。

一是重点项目帮扶力度不断加大。在乌兰察布、赤峰两市累计安排"重点地区帮扶资金"项目112个，投入帮扶资金3.8亿元，带动地方投资2.9亿元，为带动农牧民脱贫、提升贫困地区教育、卫生等保障水平做出了积极贡献。

二是智力帮扶不断加强。制定了《内蒙古京蒙区域合作人才专项培训管理办法》，安排合作培训计划165个，下达资金2800万元，利用北京优质人才智力资源培训内蒙古党政干部、行业人才和贫困群众1.1万名。主动承接首都智力输出，做大做实北京与内蒙古高层次人才交流平台，创新启动了"鸿雁行动"计划。"鸿雁行动"最初由第三批北京赴内蒙古挂职干部发起，在北京市委组织部、北京市人力资源和社会保障局的支持下，依托北京与内蒙古高端人才交流平台，逐渐拓展到京津冀地区，并得到长三角、珠三角以及海外各地内蒙古籍高端人才的响应，截至2017年已聚集各行业人才2000余名。"鸿雁行动"鼓励在区外工作的内蒙古籍高端人才通过兼职、讲学、科研和技术合作、投资项目等灵活多样的方式参与家乡建设。

三是招商引资合作领域不断扩展。组织自治区参加了"西洽会""西博会""兰洽会""青洽会"等全国性展会，在北京组织举办"走进内蒙古—盟市重点投资领域推介活动""投资内蒙古绿色农畜产品生产及加工产业（北京）洽谈会""投资内蒙古文化旅游产业（北京）洽谈会""投资内蒙古战略性新兴产业（北京）洽谈会"等系列招商活动，承接北京非首都功能产业转移，累计促成内蒙古签约135项，总金额1608亿元。

四是农牧产品进京通道更加顺畅。发挥北京农业科技联盟市场销售优势，为乌兰察布市、赤峰市农畜产品销往北京打开绿色渠道。成功举办了"京蒙合作农畜产品进京产销对接会"、电商洽谈会等，促成新发地批发市场与乌兰察布市、赤峰市农民专业合作社签订长期采购合同，北京电商企业与赤峰农产品公司签订了26项合作协议，建立了依托北京农业科技联盟平台的两地农畜产品产、供、销合作机制，让赤峰绿色、有机农畜产品进入北京电商平台销售，推广到北京乃至全国。

五是科技帮扶成果显著。发挥北京科技优势，研究制定了《内蒙古科技体制改革实施方案》，组织了3个盟市科技局创建申报国家级农业科技园区，累计组织200多家北京企业、科研机构参加赤峰、锡林郭勒、满洲里等地的科技博览会，参展项目200多项，共计有80多个项目达成合作实施协议。

六、北京与河北对口帮扶案例

（一）北京市科学技术委员会对口帮扶河北赤城县扶贫项目（华凌，2018；芦晓春，2019）

为了深入贯彻落实习近平总书记在党的十九大报告中提出的"加大力度支持贫困地区加快发展，坚决打赢脱贫攻坚战"重要讲话精神，以及蔡奇书记在北京市扶贫协作推进会暨对口支援和经济合作领导小组会议上的讲话精神，按照《全面深化京冀扶贫协作三年行动框架协议》的工作部署，发挥北京全国科技创新中心技术、人才、信息和市场等资源优势，助力打赢脱贫攻坚战，北京市科学技术委员会对口帮扶河北赤城县扶贫项目落地。

北京市科学技术委员会在多年的科技对口支援实践中，探索出技术帮扶、产业带动等自我造血式扶贫模式，提高了脱贫质量。未来的京冀科技对口帮扶工作，将重点从企业合作扶贫、智力扶贫、产业扶贫、销售扶贫等方面精准施策，确保科技协作脱贫实效。

北京市相关机构与河北赤城县相关单位、企业分别签署了《北京科技特派员（赤城）产业扶贫工作站共建协议》《蔬菜技术指导协议》《中药材技术指导协议》等9个共建合作协议。北京市科学技术委员会与河北省科技厅围绕《对口帮扶河北科技扶贫方案（2018—2020年）》和《河北省农业科技精准扶贫三年行动方案（2018—2020年）》进行座谈交流。通过建立扶贫协作工作体系，北京市科学技术委员会积极协调北京市有关区、委办局联合开展扶贫行动，发挥科技创新中心优势，瞄准建档立卡贫困人口，向河北深度贫困地区聚焦，引导资源要素向基层和贫困村、贫困户倾斜，集中力量助力河北打赢打好脱贫攻坚战。

北京市科学技术委员会通过一年多的对口帮扶赤城县科技扶贫工作实践，初步构建了"示范园+科特派工作站+产业示范基地"的科技扶贫模式。示范园作为集专家指导、技术示范、技能培训、成果辐射、农产品检验检测、有机认证辅导、电商采购等为一体的成果转化示范培训服务平台，将北京"科技扶贫套餐"送到赤城县的田间地头，为赤城县提供全方位、全要素、全链条的科技服务，示范园技术渗透辐射作用初显。示范园自建成以来已开展农业观摩、实地培训 1300 多人次。依托北京市科技特派员（赤城）产业扶贫工作站的专家团队，对赤城县沃美隆、盛丰、弘基等 20 家扶贫产业园区开展"一对一"科技服务，为园区发展提供田间指导、远程咨询和成果示范等科技服务，推广实用技术 70 余项，引导全县农业产业高质量发展。北京市科学技术委员会支持北京企业在赤城建设九龙湾田园综合体、蜂柿番茄等 6 个科技扶贫示范基地，导入新品种、新技术、新装备、新模式，通过带动务工、土地流转、资产收益分红等方式，直接受益贫困户 2000 余人，实现稳定持续增收。

（二）京冀区县结对帮扶

为落实北京市委、市政府对口帮扶工作，房山区以产业帮扶推动京津冀农业协同发展。近年来，房山区与河北涞水县建立结对帮扶以来，采取"龙头企业+合作社（村集体）+家庭农场+贫困户"的订单农业经营模式，坚持扶贫与扶志扶智相结合，带动 5 个乡镇 356 名贫困人口脱贫并稳定增收。同时，积极支持北京凯达恒业农业技术开发有限公司（简称凯达公司）等龙头企业投资建厂，接纳周边建档立卡贫困户就业，带动 500 名贫困人口稳定脱贫增收。

凯达公司成立 20 余年，已发展成农业产业化国家重点龙头企业、国家高新技术企业。公司占地面积 85 亩、固定资产 8.2 亿元、年产值 6.7 亿元、员工 600 余人，拥有世界先进水平的 VF 果蔬脆片与大豆固态制品两个智能化、自动化生产工厂，在全国同行业中，技术、装备水平和市场占有率都名列前茅，在果蔬脆片真空、低温、油浴技术领域已达到世界先进水平，引领着我国果蔬行业的发展。

近年来，在京津冀农业协同发展过程中，凯达公司作为北京市的龙头企业，积极响应"两头在外、中间在内"的政策要求，着力做好产业扶贫，以良好的农业种植管理技术、先进的深加工生产技术和实实在在的金融投资为主导，在京冀等地投资建设农业生产基地和深加工生产基地，实现一二三产融合发展。河北涞水县交通便利、土地肥沃，良好的生态环境，很适合农业开发，2018 年凯达公司与河北涞水县绿航家庭农场签订了价值 800 万元的订单种植协议，农场现流转土地面积达到 2000 亩，用作种植红薯及经济农作物，亩产红薯 4 吨，其中高质量商品红薯 3 吨，次薯 1 吨，每亩地收入 3000 元，共计带动近 300 个贫困户。2019 年凯达公司扩大订单种植，签订价值 1 亿元冻品购销协议，包括红薯、南瓜、土豆、萝卜、香菇、黄秋葵等当地主导农产品。凯达公司还帮助当地建设前处理加工厂，无偿提供加工技术、加工工艺、工厂员工培训、厂房规划设计、生产设备安装调试等相关支持，该前处理加工厂年产值可达 1 亿元。

七、安徽金寨案例

地处大别山腹地的金寨县，是大别山革命老区的核心区，也是安徽省面积最大、山区人口最多的县，金寨县地处安徽省西部、鄂豫皖三省八县结合部，属亚热带与暖温带的过渡地带，有着良好的植被和丰富的野生资源。金寨县耕地面积很少，曾有"八山一水半分田，还有半分道路和庄园"的说法。当地老百姓以板栗、茶叶、蚕桑为经济作物。近几年来又发展起了高山有机米、高山蔬菜、水产、中药材、西洋参、山核桃、野生绿色食品等为主的种植养殖业。

金寨是国家级重点贫困县和扶贫开发重点县，自 2003 年以来，在中央和北京市领导的关心支持下，由北京市农村工作委员会牵头，通过人才培育、技术引进、产业扶持、项目推动等多种方式，持续开展了对大别山腹地安徽省金寨县的定点扶贫工作，与 68 万名老区人民风雨同行，攻坚克难，在连绵起伏的大别山区，共同打响了扶贫攻坚的"金寨战役"。

2004 年 8 月 26—29 日，北京市农村工作委员会组织北京新发地农产品有限公司、北京吴裕泰茶叶公司、北京天惠参业股份有限公司等 5 家骨干企业的主要领导赴安徽省金寨县考察农业生产情况。这次考察以金寨生态环境和野生资源的开发与利用为重点，旨在开发利用金寨的丰富资源，帮助老百姓脱贫致富，把种出的产品销出去。2008 年 6 月 20 日，北京市农村工作委员会支持金寨县现代农业发展座谈会暨框架协议签约仪式在北京会议中心举行。北京市在之后的 3 年里，重点对六安瓜片茶叶、乡村旅游、有机米等金寨特色优势产业发展和新农村建设、农村实用人才培训、干部交流等方面与金寨方面展开合作。共支持 5 个乡镇 5000 亩有机茶基地、4 个茶叶标准化加工厂，以及虹鳟鱼、鲟鱼养殖中心的建设；北京吴裕泰茶业股份有限公司、北京市密云绿润食品有限公司等多家知名企业先后到金寨投资或开展农产品采购。金寨县已有 7 个系列 65 个单品进入首都大型超市，年营业额超过 1000 万元。从 2011 年开始，在北京市农村工作委员会的积极协调下，北京农业职业学院精心组织，每年邀请北京著名专家、学者在该院举办专门针对金寨广大乡村干部、农业专业技术人员、企业负责人、农民经纪人、营销大户的培训班，到 2016 年，已累计培训 600 多人次。"每次培训都结合金寨实际，选定鲜明主题，重点突出，形式多样，具有很强的针对性、科学性和时代性"。培训期间，组织学员参观京郊休闲农业、民俗村、农民专业合作社、产业化龙头企业、新农村建设等示范现场，使学员们进一步解放了思想，提高了认识，更新了理念，开阔了视野，拓宽了思路。此外，北京市农村工作委员会还积极协调北京道顺咨询公司支持金寨编制了新农村建设、休闲农业、沟域经济、茶谷建设等一系列规划，加快金寨山区沟域经济发展和茶谷建设。

有了北京的智力支持和项目带动，自 2008 年开始，金寨县先后开展了齐云与天堂寨沟域经济发展、茶叶休闲旅游、茶谷建设规划，几年来，共实施规划项目 20 余个，建成休闲农业示范区 15 个、农家小院 32 个，年接待能力 10 万多人，休闲农业年收入达 5600 多万元。"从 2006 年起，以项目作支撑，像青山茅坪一样建成了一批新农村建设示范点。在抓美丽乡村建设基础上，全县上下掀起抓环境整治的热潮，'三线三边'环境整治工作还成为全省先进"。

与此同时，金寨县也选派了一批干部到北京市龙头企业、行业协会、科研单位和机关处室挂职锻炼。通过锻炼，他们既开阔了视野，又学到了先进管理经验，同时宣传推介了金寨。2015 年被选派到北京首农集团挂职的金寨县三个农民电子商务有限公司总经理童维新曾用"脑洞大开"形容在北京的学习挂职经历。

2014 年，在北京市农村工作委员会的建议和指导下，金寨县通过发展光伏发电项目，并尝试将光伏发电与特色农业有机结合起来，走出了一条"农光互补、综合利用"的新路，有效探索了贫困山区精准脱贫的路径。得益于该县政府整合多方帮扶，利用已建成的光伏大棚向新型经营主体无偿提供使用，发展设施农业。目前，这一模式已盘活 10 万平方米光伏大棚，带动社会投资 4200 万元，社会和经济效益凸显。

2015 年 9 月 17—18 日，时任金寨县副县长的朱宽江赴京对接"金鸡产业扶贫项目"。朱宽江一行实地考察了北京德青源农业科技股份有限公司延庆 300 万只蛋鸡养殖场及其配套的饲料加工、鸡蛋清洗加工包装、沼气发电等项目，并与该公司董事长兼总裁钟凯民进行会谈。"金鸡产业扶贫计划"是由北京德青源公司、国务院扶贫办和国家开发银行共同发起的，5 年内在全国扶持 50 个县，引导贫困农户参与养殖蛋鸡，通过务工、分红等方式，构建新型"滴灌式"到人到户扶贫模式，实现从输血型向造血型转变。"金鸡产业扶贫计划"突破产业扶贫瓶颈，建立金融资本和龙头企业相结合的模式，解决有人力没技术、有产品没资金、有产品没品牌、有产品没产业链、有利益没机制等诸多难题，从而带动项目县 119 万名贫困人口脱贫致富。

让贫困地区从根本上脱贫要靠产业发展，提高农业综合生产能力，变"输血"为"造血"。在北京市农村工作委员会项目带动下，金寨县重点推进茶叶、猕猴桃、毛竹等八大特色产业，组织实施了重点特色农业产业发展三年倍增计划，每年整合涉农项目资金 1.2 亿元、财政预算安排专项奖补资金 2100 万元、小额担保贴息贷款 2.6 亿元，用于支持特色产业发展。目前全县茶园面积 17.2 万亩、油茶 26 万亩、毛竹 22 万亩；50 万亩板栗深加工取得了重大突破，成功开发出全国首创的板栗肽产品，初步破解板栗长期加工滞后的问题；黑毛猪生态养殖、猕猴桃、石斛中药材等特色农业发展潜力巨大，发展速度较快。"金寨板栗""金寨丝绸"等 19 个地理标志证明商标成功获得注册，"金寨猕猴桃"获地理标志保护产品，"金寨红茶"获农产品地理标志保护登记。认证绿色食品农产品 20 个、基地面积 0.6 万亩，有机农产品认证 7 类 38 个产品、基地面积 13.8 万亩。共有农民专业合作社 2592 家、家庭农场 923 家，其中部级专业合作社 5 家、省级 7 家、省级家庭农场 1 家、市级 7 家、省级龙头企业 10 家、市级 59 家。支持发展电子商务、商超直销、连锁专营等新兴业态，深入创建全国电子商务进农村示范县，建设特色农产品网上销售"金寨馆"，建成 25000 平方米的"互联网+"大厦，组建了电商协会，电商网点 260 家，"三个农民"电子商务有限公司成为安徽省电商示范企业。金寨茶油、六安瓜片在渤海商品交易所成功挂牌上市。

2018 年 12 月 17 日，国家农产品质量安全"百安县"和全国百家经销企业"双百"对接活动在北京全国农业展览馆举行。金寨县被农业农村部命名的"首批国家农产品质量安全县"，有金寨山茶油、六安瓜片、金寨黑毛猪等 12 类 25 个地理标志证明商标，有机产品、绿色食品共 120 个，是最具代表性的"国家农产品质量安全县"之一。

金寨县坚持以市场为导向，通过品牌引领、循环利用和三产融合，积极构建产品生态圈、企业生态圈和产业生态圈"三位一体"的现代生态农业产业化发展新模式，加速特色产业发展。

"绿色发展，质量兴农，品牌惠民，携手共赢"，一直是金寨县优质农产品的发展理念。金寨人民对生态的敬爱，对于品质的钟爱，再加上严格的品牌把控，会让更多的消费者吃到安全放心的金寨优质农产品、享受金寨绿色养生食品、感受金寨老区人民的情谊（汪洋，2016）。

八、首都农业集团案例

北京首都农业集团是北京市大型国有涉农企业，已经走过 60 多年的发展历程，集团的主营业务是现代农牧业、食品加工业和物产物流业，目前总资产 620 亿元，营业收入 370 亿元，京内外土地面积 220 万亩，员工 4 万人，有 5 家国家级重点龙头企业和三元、八喜等一批知名品牌。近年来，首农集团坚持"走出去"发展战略，先后在全国 15 个省（区、市）建立企业超过 50 家，境外企业达 5 家。

随着京津冀一体化国家战略的深入推进，首农集团将加强京津冀协同发展作为一项重要内容列入发展规划中。从组建承德三元、建设迁安乳品厂、并购原三鹿乳业，到最近投产的三元河北工业园，首农集团的京津冀一体化战略至今已有十几年的历史。十几年来，在两地政府的引领和推动下，首农集团先后与河北、天津的 11 个地级市（区）开展了合作，累计投资超过 50 亿元，提供就业岗位 10 万余个，带动农户 20 余万户。2016 年 5

月 16 日，首农集团三元食品在河北新乐投建的三元河北工业园正式投产，标志着三元食品为落实北京非首都城市功能疏解任务，推进京津冀三地协同发展，实施"走出去"战略的首个项目落地。《北京市"十三五"时期城乡一体化发展规划》提出，探索建立京津冀农业协同推进机制，推动三地产业统筹布局、联动发展。建立直接或紧密型的蔬菜和"肉、蛋、奶"外埠生产基地，建立京津冀优质渔产品养殖基地，该项目也成为京津冀农业协同发展的一个缩影。

长期以来，首农集团与河北各地政府及企业之间，建立了相互信任和支持的合作关系，因而具有很好的地缘优势，形成了较为一致的发展目标，同时资源、环境、产业、人才、技术、信息等方面体现着很强的互补性。近年来，在两地政府的引领推动下，首农集团根据自身发展的"走出去"战略需求，按照"资源共享，产业融合，互利双赢，共同发展"的原则，先后在畜禽养殖，食品加工等领域与河北省农业厅，以及石家庄、张家口、唐山、衡水、秦皇岛、承德、定州、保定、天津等地市开展了全面广泛合作，涉及河北三元食品有限公司、迁安三元食品公司、承德三元有限责任公司、河北承德滦平华都食品有限公司、定州现代循环农业示范园区、河北新乐奶业、华都滦平和武强肉鸡扶贫项目、怀来双大食品有限公司、任丘大发饲料有限责任公司、滦县现代牧场、承德御道口、首农东疆牧业（天津）、天津港首农水果进出口贸易等 10 多个投资项目，累计投资额达 50 多亿元。这些项目既取得了良好的社会效益，直接推动了当地农牧产业的优化提升、农村脱贫致富、农民就业增收、投资环境改善，同时取得了良好的经济效益，也为未来更深层次的合作发展打下了坚实基础。

虽然这些投资合作的项目门类较多、分布的地域较广，但在合作的过程中，已逐步形成了较强的竞争优势和鲜明的产业特色。在未来几年内，首农在京冀两地投资将超过 500 亿元，通过包括首农定州循环农业示范园区二期、承德三元优质安全原料奶生产示范牛场、优质奶源基地、农业科技研发中心、武强肉鸡产业扶贫等项目的建设，确保在提升企业经济效益的同时，推动当地农牧业发展和农民增收致富。

首农集团全面落实京津冀协同发展、精准扶贫、疏解整治促提升等重大战略任务，凸显了国企使命担当。首先，在疏解转型中树立首都国企的新形象。首农集团努力提高政治站位，不等、不拖、不靠，切实履行企业疏解整治主体责任。截至 2018 年年底，疏解、关停畜禽养殖场 42 个，拆除腾退老旧厂房、违章建筑 258 万平方米，完成综合整治 119 万平方米。充分利用腾退空间发展都市休闲、文化创意、食品物流、生活服务等产业，实现集团经济的高质量发展。其次，在产业对接中形成协同发展的新态势。加强产业对接合作，与津冀多个市县、企业建立全面战略伙伴关系，投资农牧业、食品加工、进出口贸易、物流基地等 30 多个产业项目，建设河北首农现代农业循环示范园、河北三元工业园、京粮天津粮油工业园等一批带动作用明显的重大项目，投资总额超过 110 亿元，逐步形成了产业对接集聚化、园区建设专业化、转型升级高端化的协同发展新态势。最后，在精准扶贫中构建示范带动的新模式。在定州、滦平、平泉、怀来等地实施和推进一批扶贫力度大、脱贫效应强的项目，累计带动津冀区域 10 多万户农户、30 多万人脱贫致富，逐步构建起了科技驱动、产业推动、渠道联通、品牌带动的扶贫工作新模式。下一步工作中，首农食品集团将按照京津冀协同发展战略总体思路，全面推进"立足北京，协同京津冀，布局全国，走向国际"的产业发展格局。一是夯实基础，发挥优势，保证集团已有的投资项目、业务合作和科技支持项目的稳健运营；二是立足首都，服务保障，以北京市民对优质安全食品的需求为出发点，不断加强供给侧结构性改革，加快建设京津冀区域食品供应一体化网络；三是扩大合作，强化责任，继续扩大在津冀地区的投资，在助力三地共建、共融、共享中更好地发挥首都国有企业的示范引领作用。

2020 年 6 月 1 日，首农食品集团又与甘肃省酒泉市签订战略合作框架协议，标志着首农食品集团与酒泉市在现代设施农业、农产品销售、畜牧产业发展、农业基础设施等方面开展战略合作拉开了新序幕。双方就各自优势领域和产业展开合作共建，共同携手发展，打造区域优势品牌，开发农业领域市场，促进北京、西北两地合作共赢发展。未来，首农食品集团将酒泉市作为重要的战略合作伙伴和投资区域，积极参与酒泉市经济发展，在资源配置和投资项目等方面予以大力支持。双方将紧密协作，积极践行"一带一路"倡议。双方将聚焦种业，实现优势互补，开展更加广泛而深入的合作，植物育种和动物育种协同发展，聚焦前沿生物科技，强化核心资产，打造国内动物、植物育种领域领军企业；发挥首农品牌效应，打造西部有机农畜产品基地，构建现代农牧产业体系，保障食品供应和质量安全，持续释放农牧产业活力。同时，双方聚焦特色优势农产品的合作。酒泉市发展现代设施农业的优势明显，是培育和创建绿色高品质特色农产品的优势产区，双方将以此次签约为契机，积极推进特色种养殖业规模发展，依托首农食品集团在首都食品供应保障服务中的优势，带动传统农牧业提档升级，助力乡村振兴和脱贫攻坚。此次战略合作的签约，是双方贯彻落实习近平新时代中国特色社会主义思想和新发展理念的积极实践；是推动国有企业资源共享、提升国有资产效益的实际行动，对推动双方业务合作扎实有效落地，促进双方协同发展具有重要的意义。未来，双方将在上市公司定增战略合作、大力发展现代设施农业、推进动物育种技术升级、做大高代次种猪产业、打造畜禽规模化养殖基地、促进种业合作与种粮融通、酒泉市特色名优产品在京销售等方面开展广泛而深入的合作（杨学聪，2016；成德波和傅鹏，2016）。

九、京冀延怀河谷葡萄种植案例

2014 年，北京市延庆县①与河北省张家口市怀来县成功合作承办第十一届国际葡萄遗传与育种会议（世界葡萄大会）。在此基础上，2017 年和 2018 年，延庆区与怀来县再次携手举办了两届"延怀河谷葡萄文化节"。在京津冀一体化协同发展的背景下，此举引来社会的广泛关注。北京市延庆区和河北省怀来县山水相连、地缘相接、地域一体、文化一脉，经济社会交流源远流长。延怀两地紧紧抓住 2019 年世界园艺博览会、2022 年冬奥会举办的契机，进一步加强延怀区域合作，共同推进葡萄产业发展，打造京津冀产业协同发展的典范。

2014 年，北京延庆县政府和河北怀来县政府宣布，将联合推出集聚 150 家高端酒庄的延怀河谷葡萄及葡萄酒产区，目标是打造国际一流的葡萄和葡萄酒产区。延怀河谷产区规划范围包括延庆县、怀来县 27 个乡镇，约 2000 平方千米，以官厅水库为核心，以妫河、桑干河、洋河、永定河流域为重点，以葡萄种植、葡萄酒酿造和酒庄文化旅游为主导产业，是具有资源共享、产业融合、一体化发展特征的区域经济体。该规划打破区划分割、

---

① 2015 年，北京市撤消延庆县，设立延庆区。

谋求协同发展，无疑将使延怀河谷的葡萄种植和葡萄酒产业之路更有韵味、更具魅力。

依据规划，到 2030 年，"延怀河谷"葡萄种植面积将稳定在 40 万亩，其中酿酒葡萄 28 万亩，鲜食葡萄 12 万亩；建成酒庄 150 座，规模化酿造企业达到 2 家，相关延伸加工企业达到 10 家，葡萄酒年产量达 30 万吨，形成一批具有国际影响力和竞争力的精品葡萄酒品牌；以交易、科研、培训、会展为主的产业服务体系迅速形成；建成一批葡萄酒庄和文化休闲旅游项目；葡萄及葡萄酒产业总产值达到 140 亿元，新增就业岗位 12 万个，农民人均收入在 2010 年的基础上翻两番，真正实现产业富民；同时，将官厅水库周边地区打造成京津冀水源涵养功能区的示范区，将产区打造成国家生态文明建设试点示范区。

截至 2017 年年底，延怀河谷葡萄种植面积 26.32 万亩，其中，鲜食葡萄 15.9 万亩，酿酒葡萄 10.42 万亩，葡萄品种达 210 余种，年产量 16.85 万吨。延怀河谷产区共有酒庄酒堡 43 家，年接待游客 90 万人次。通过大力发展葡萄观光游和采摘体验游，深度挖掘葡萄及葡萄酒文化，宣传推介延怀河谷葡萄及葡萄酒地标品牌，为实现全域旅游重大战略目标提供精品旅游资源，打造最具知名度和美誉度的葡萄及葡萄酒产区，从而通过推动延庆和怀来两地葡萄产业协同发展向更高层次迈进（高振发和刘雅静，2018；王壹，2019）。

十、延庆马铃薯种源案例

地缘优势让延庆在京津冀协同发展上越走越深入。2015 年 7 月延庆举办了第九届世界马铃薯大会，这是京冀现代农业发展的又一次历史性机遇。北京延庆和河北怀来拥有极具规模的马铃薯种植地，通过举办世界马铃薯大会更加快了马铃薯亚太中心的建设，同时吸引来一批马铃薯总部企业入驻两地。

世界马铃薯大会由世界马铃薯大会公司与主办地合作，每 3 年举办一届，致力于促进世界马铃薯行业各方面信息的共享和交流，为全球马铃薯种植户、马铃薯产业和研究领域的代表、生产设备研发领域专家等提供交流平台和市场机会。世界马铃薯大会公司主席大卫·汤姆森表示，共有加拿大、秘鲁、中国3个国家申办2015世界马铃薯大会，考虑到中国巨大的马铃薯消费和产业市场，以及前期的周密准备，举办权最终落户北京延庆。

马铃薯是重要粮食作物，种薯及各种加工产品已成为全球经济贸易中的重要组成部分。当前，中国是世界马铃薯生产与消费第一大国。延庆政府积极扶持马铃薯产业发展，引入了国际马铃薯中心亚太中心、国家马铃薯工程技术研究中心等科研机构和企业，把马铃薯产业作为区域农业产业结构调整的重要内容。延庆作为中国马铃薯重要的育种研发基地，为马铃薯品种引进、良种繁育、品种推广等提供了良好的技术支持。延庆拥有中国最大的种薯生产企业——北京希森三和马铃薯有限公司，种薯年生产能力1.5亿粒，接近全国总产能的10%。因此，大卫·汤姆森表示："延庆马铃薯种植历史悠久，产业基础扎实。同时，生态环境优良，旅游资源丰富，基础条件优越，公共设施完善，是世界马铃薯大会理想的举办地。"

张家口则是河北省马铃薯的集中优质产区，全市各个区县都种植马铃薯，马铃薯常年种植面积160万亩，年产量240万吨，种植面积和产量均占河北省的60%以上，每年可向全国提供优质种薯、商品薯100多万吨，已成为全国重要的马铃薯生产、加工基地。该市马铃薯产业持续发展和产业链条不断延伸，得益于当地适宜的气候土壤条件、坝上地区土地平坦易于机械化的优势、研发团队人才集聚、基地生产标准化的优势。马铃薯产业已成为当地四大优势产业之一，形成了较为完整的马铃薯产业链，辐射带动60%的贫困人口实现了增收。虽然两地在马铃薯生产上各自优势明显，但也存在着互补的需求：张家口需要北京的科技和人才优势，北京也需要张家口的产量和种植面积优势。随着马铃薯主食产品及产业开发的大力推进，马铃薯将在品种研发、加工生产、流通销售等产业链各环节上加速扩张，由此带来的马铃薯产业市场前景值得期待。

2015年7月世界马铃薯大会会议期间，北京延庆区还与河北张家口市签订了《马铃薯产业战略合作框架协议》，未来两地将在马铃薯品种选育推广、科技协作攻关、高产高效示范、主食产品开发等方面深化合作，共建科技园区和产业基地，加快科技成果转化，为京津冀协同发展作出有益探索。延庆主要发挥国际马铃薯中心亚太中心的影响力，重点在种薯研发、产品交易、举办会展、人才培训等方面进行高端谋划，开展马铃薯新品种的引进、试验、选育、推广，健全马铃薯薯种多元化体系，提升种薯质量，建成马铃薯"种源之都"。张家口作为全国马铃薯优质产区，在合作中，将重点放在马铃薯种薯繁育、生产、贮藏、加工等方面，打造国家马铃薯主食产品和产业开发试验示范区。在张家口市康保县，北京希森三和马铃薯有限公司等已建起了 1.2 万亩种薯繁育基地，今后将再发展 5000 亩种薯繁育基地。由于引进了高产脱毒种薯，基地从过去亩产 1000 千克增长至 2000~2500 千克，农民收入实现了翻番。

薯业盛会，开启了京冀农业合作新模式。两地携手发展马铃薯产业，既促进产业垂直分工、互补共进、提档升级，又推动了马铃薯全产业链的形成与发展。产销对接的目的之一，是加强农业产业脱贫攻坚，做好种业对口帮扶，推进贫困地区品种更新和种植结构调整，促进贫困地区农业供给侧结构性改革。可以看到，京冀地区马铃薯产业的发展，科研力量在北京，产业基础在张家口。从某种意义上讲，张家口地区的马铃薯种植、加工是产业发展之基，延庆的微型种薯研发、新品种繁育是产业腾飞之翼。双方只要发挥各自比较优势、相互借力、协同发展、强基固本，实现资源共享、园区共建，加快马铃薯科技成果的转移、转化，势必成为引领全国薯业发展的新航标。

京津冀协同发展上升为国家战略，为生产要素在三地更大范围有序流动和优化配置创造了千载难逢的重大机遇。延庆区与张家口市携手发展马铃薯产业，有利于促进两地马铃薯产业垂直分工、互补共进、提档升级，推动全产业链的形成与发展。两地携手做大、做强、做优马铃薯产业，不是简单、同质的规模扩张，而是立足各自资源禀赋和产业基础，走差异化发展道路，共同打造辐射力、扩散力与竞争力更强的产业板块（曾诗淇，2015）。

十一、京津冀休闲农业"微营销"案例

随着都市型现代农业在京津冀城市圈的兴起与深入推进，休闲农业已经成为京津冀农业协同发展的重要内容。三地休闲农业的区域合作包括技术、资本、品牌、土地、市场、信息、人力等诸多层面的合作。三地休闲农业协同的愿景应是资源更加优化、都市保障应急功能不断提升、发展差异化、效益最大化等。

2015 年首届北京农园节由北京观光休闲农业行业协会、北京市农民专业合作社联合会主办，天津市休闲农业协会、河北省农业生态环境与休闲农业协会协办。该农园节首度借助微站和微信两大移动互联网平台，让京津冀三地的休闲农业插上了移动互联网的翅膀，进入"微"时代。游客可以通过微站和微信两大平台进行活动报名和咨询等，在线了解农园节活动的各种信息。同时，两大平台基于 LBS 位置服务技术，能够向消费者优先推送附近的农园并且提供线路导航，让消费者通过手机就能随时了解三地特色农园、民俗风情等休闲农业信息，也可以根据时间、喜好、季节和路程远近等来规划家庭出游计划。而移动互联网平台也成功实现了京津冀区域内各农业园区资源的协同互动宣传，三地的休闲农园可以在这两个"微"平台上共同开拓休闲农业的新市场、新空间，把农业生产与吃、住、行、游、购、娱一体化整合，开启休闲农业及其周边产业的"微营销"时代。

体验最地道的乡村风情，品尝最安全、最绿色的健康农产品，天津、河北的休闲农业园区也参与其中，共同开拓休闲农业的新市场、新空间，为消费者提供更多的选择。京津冀三地农业园首度借助微站、微信等移动互联网平台实现各园区、主题即时互动，将京津冀农业休闲产业整合进入"微"时代。京津冀三地休闲农园将在农园节的平台上共同开拓休闲农业的新市场、新空间，共同创造更大的社会价值和经济价值。

农园节的主要内容可概括为"六个一"：一场盛大的开幕式，由市民与农园共同参与的农业嘉年华盛会，同时开启亲子、秋收、敬老、农产品大集 4 个主题活动月；一对农园节吉祥物——"小瓜和小果"正式发布；一个"互联网+休闲农业"的手机互动平台，城乡联动，无缝连接市民与农民；一份"北京农园节"节庆地图，涵盖京郊所有农业节庆活动；一席"百味农家宴"，集合京郊特色美食；一场高水平的行业论坛，既为 2015 年第一届农园节画上圆满句号，同时也拉开下一年农园节的序幕。

据主办方介绍，大部分参加本届农园节开幕式的游客都是通过关注农园节的微站或微信公众号慕名前来。农园节吸引了京津冀地区多家休闲农业机构参与，希望让所有参加农园节的游客能够体验到最地道的乡村风情，品尝到安全、健康的农产品。

农园节举办期间，主办方还分别针对暑期、中秋节、重阳节和金秋收获等节点，策划亲子、秋收、敬老、农产品大集 4 个主题活动月，力图将北京农园节打造成市场认可的"互联网+休闲农业"旗舰品牌，进一步做成华北地区最富知名度的"休闲农业嘉年华"，开启休闲农业及其周边产业"微营销"时代。

举办北京农园节是为了通过农园节的创意、策划活动，将京津冀三地农业园区现有的农事节庆、主题活动串联起来，形成合力。同时，通过线上、线下相结合的活动，充分挖掘、激发和引导三地所蕴含的城市消费能力，实现现代农业的观光休闲、体验健身、亲子教育、文化传承等多重功能，也为三地增加农民就业收入、保障农产品质量安全和提升市民幸福指数开拓空间（芦晓春，2015）。

十二、京津冀现代农业协同创新研究院案例

2016 年，由中国农业大学牵头，联合北京农林科学院、北京农学院、天津市农业科学院、天津农学院、河北省农林科学院、河北农业大学、首农集团、大北农集团等单位，以中国农业大学涿州基地为载体，发起成立了京津冀现代农业协同创新研究院，为国家农业现代化提供技术支撑，打造"中国农业硅谷"。

京津冀现代农业协同创新研究院将以产业融合带动为目标，聚焦京津冀生态农业，在中国农业大学涿州基地搭建生物种业、循环农业、设施农业和智慧农业等领域具有国际影响力的现代农业科技创新创业平台，促进农业科技成果在京津冀区域高效转化和产业孵化，引领全国现代农业科技创新与发展。同时，京津冀现代农业协同创新研究院在理事会决策、市场化运作、企业化经营、基金式投资等方面也将积极开展体制机制创新的探索，为创建"中国农业硅谷"夯实基础。

京津冀现代农业协同创新研究院计划立足京津冀、引领全国、面向世界，建设成为现代农业高精尖科技创新高地，促进国家重大设施、重大项目落地实施，致力于服务京津冀现代农业协同创新，服务于区域产业提升，服务于科技成果创新转化。研究院将构建现代农业大数据分析与服务平台，助力京津冀重点产业升级。利用大数据、云计算等信息技术，开展农业生物、农业环境、食品安全、农产品交易等信息的数据存储和高性能计算，打造联通全国农业科教、生产与服务系统的大数据平台。

十三、农业高新技术产业示范区案例

近年来，毗邻北京的涿州市在承接首都农业科研资源转移中率先突破，集聚了中国农业科学院、中国农业大学、北京大学现代农学院等一大批顶尖院校，科技自主创新及人才实力雄厚，正日益占据以知识创新和研发应用为主导的现代农业产业链的高端环节。此外，该市已经成为京南最大的企业化经营绿色蔬菜的生产基地，中国农业大学科技园以发展精品设施农业为主，惠友三兴、绿源农业、百荣集团、润雅公司等18家企业参与蔬菜标准园投资建设。

中国农业大学涿州科技园占地21600亩，是中国农业大学的实验实习基地。在京津冀区域协同发展的大背景下，为创建协同创新共同体，促进京津科技成果在河北省转化，把京津的创新优势变成京津冀的产业优势，2015年5月11日，河北省政府与中国农业大学达成共建协议，以中国农业大学涿州科技园区（省级）为基础，在涿州开发建设国家级现代农业高新技术产业示范区。

涿州国家级现代农业高新技术产业示范区服务京津冀协同发展，承接北京非首都功能疏解、推动经济结构调整。一是打造国家级现代农业产业示范区。以建设科技创新引领农业产业升级的国家级示范区为目标，大力发展农业科技成果应用推广，打造农业全产业链，发展食品工业、生物产业、农业休闲旅游，以及农业金融、农业展览贸易和农业物流等。二是打造国际现代农业创新博览园。围绕农业科技研发、产业化推广、教育培训和国际交流，打造世界农业科研、培训和合作平台，为现代农业发展提供科技引领和服务支撑。三是打造中国农业科技田园新城。围绕现代农业及相关产业进行功能布局和设施建设，充分承接首都科教研发、产业化服务和生态居住等功能。建设农业科技服务业要素集聚、生产加工运输齐全、生态高效农田环绕、生活配套设施完善、产城融合、独具特色的现代农业田园新城。

十四、京津冀农业产业化龙头企业联盟案例

2018 年 6 月 25 日，在河北省石家庄市召开的首届京津冀农业产业化合作对接会上，京津冀农业产业化龙头企业联盟正式成立。该联盟是在北京市、天津市、河北省农业产业化主管部门指导下，由三地农业产业化龙头企业协会共同发起，联合三地农业产业化重点龙头企业，以及重点涉农科研院校和相关企事业单位共同组织成立的非营利性非独立社团法人性质组织。

京津冀农产品加工业协同发展为形成特色鲜明、优势互补、市场一体、城乡统筹的农业发展新格局创造了良好条件，也为开拓更加广阔的区域外市场增强能量，但仍存在以下主要问题：农产品初级加工比重较高，加工增值率较低；农产品供需平衡矛盾依然明显，有效供给不足；龙头企业与基地联结不够紧密，利益联结机制缺乏；京津冀协同创新能力有待提升，融合发展机制欠缺。

该联盟的成立旨在充分发挥三地区位、资源、市场、科技等优势，通过开展各项有益有效的活动，以龙头企业协会为载体，创建龙头企业联盟平台，加强京津冀三地企业间衔接往来、上下游企业对接合作、跨产业企业间对接合作，为成员单位提供合作发展平台，促进产业转型升级，提升整体竞争力，实现区域协同发展，推动农业产业化健康快速发展（赵红梅，2018；李杰，2018）。

十五、农业专业合作社合作案例

（一）北京昌平区谷氏农业专业合作社带动周边地区农牧民增收致富

北京昌平区谷氏农业专业合作社成立于 2010 年 1 月，是北京一家对口帮扶低收入户、贫困户从事獭兔养殖、种兔繁育、商品兔生产、兔肉美食研发、兔皮产品开发、手工编织制作的产业链合作社，集加工、销售、专业技能培训为一体。合作社走一二三产融合发展的农畜产品深加工发展之路，并依靠打造昌平休闲旅游和现代农业示范区的契机，大力推广发展手

工编织加工业，带动一批昌平与周边地区低收入户、贫困户实现就业增收。使有劳动能力的广大农村低收入人群、城镇下岗失业人员通过学习手工编织找到了就业门路，增加了家庭收入。该合作社已成为昌平区现代农业示范基地。

谷氏农业专业合作社按照首都发展的功能定位，近年对产业进行了转型升级，根据首都资源禀赋和城市发展规划，将獭兔养殖项目从北京疏解出去，以昌平区流村镇为中心，辐射河北、山东、安徽、辽宁、山西、陕西、内蒙古等多个地区，在北京周边省（区、市）建有 50 余个獭兔养殖基地，并向各基地统一提供优质种兔，提供疫苗、养殖设备、技术资料和技术跟踪服务。合作社负责培训饲养技术人员，传授防病治病、饲养管理、饲料配方、人工授精等技术，并解决了 800 多人的就业和创收增收问题。谷氏农业专业合作社负责回收各基地农户的兔皮，统一送到河北省沧州市肃宁鞣制厂加工，最后加工后的兔皮运回北京昌平区谷氏农业专业合作社的基地，由当地农民、低收入户、残疾人加工成围巾、玩具、钥匙扣等产品。

例如，2017 年昌平区与内蒙古阿鲁科尔沁旗正式建立对口帮扶关系以来，针对阿旗牧草丰美、地广人稀，具备獭兔规模化养殖的优势条件，昌平区谷氏农业专业合作社及时响应政府号召、积极履行社会责任，在精准扶贫中主动作为，在当地建立了獭兔养殖产业扶贫项目，该项目采取"支部+合作社+基地+贫困户"模式，组织贫困户直接参与养殖或入股，通过商品兔销售、股份分红、吸纳务工等方式，直接带动 25 户 44 名贫困村民、间接带动 5 个村组 266 户 508 名村民实现增收。2018 年 8 月第一批獭兔开始出栏，2020 年扶贫大车间年产商品兔约 10 万只，有效带动当地更多农牧民通过獭兔养殖增收致富。

（二）京津冀三地农民成立联合社

随着京津冀协同发展的推进，农民合作社也开始放眼京津冀三地。2015 年 8 月由京津冀三地 7 家农民合作社联合组建的北京京北五彩园艺作物种植联合社在北京市延庆挂牌成立。联合社以延庆镇唐家堡村北京金粟种植专业合作社为主体，将为三地农民合作社抱团发展搭建新的平台。联合社由京津冀地区的 7 家农民合作社组成，分别是北京金粟种植专业合作社、北京五彩都市农业研究院有限公司、北京苗卉源种植专业合作社、怀来众诚葡萄专业合作社、涿鹿县神鹿仁用杏专业合作社、涿鹿县绿野林业苗木农民专业合作社、天津市裕丰果蔬种植专业合作社，联合社经营范围涉及水果、蔬菜、苗木、花卉等多个领域。联合社将在科技管理、品牌打造、销售模式、种植规模等方面优势互补，抱团谋求更大发展。综合京津冀三地合作社的资源优势分析，北京的合作社在科技管理、品牌打造、销售模式等方面更具优势，天津、河北的合作社则具有成立早、规模大、园区成熟等优势，联合社的组建实现了三地合作社的优势互补，优化组合各类生产要素，从而发挥出最大效益。

其中，作为联合社主体成员单位的北京金粟种植专业合作社自 2009 年成立，经过 6 年积累，已成为集观光、采摘、休闲、娱乐为一体的现代农业观光示范区，并获得国家地理标识认证。该合作社抓住 2019 年世界园艺博览会在延庆召开的机遇，利用科研院所的人才资源和硬件优势，进行园艺新品种引进和科研成果转化，已成功申请北京市园林绿化局的切花红掌项目，引进资金 500 万元，改建花卉温室 33 栋，建立了延庆首个切花红掌的生产示范基地。

今后，联合社将沿着京津冀一体化发展的新思路，充分利用北京科技优势，引进成熟品种，进行科研攻关，在金粟种植专业合作社种植南方热带花卉苗木，在苗卉源种植专业合作社种植北方陆地花卉苗木，驯化试种成功后向其他成员社推广。同时，依托怀来、涿鹿、天津等地的产业基础和土地、人力资源优势，建立苗木基地，进行订单化、集约化、规模化生产，最终实现京津冀三地农民合作社互利共赢、协同发展（李雪松和于琼，2015）。

十六、京津冀会展农业发展案例

（一）京津冀联手举办的北京农业嘉年华带动都市现代农业发展

北京市昌平区借助 2012 年成功举办第七届世界草莓大会的经验，之后每年举办一届北京农业嘉年华。2013 年和 2014 年两届北京农业嘉年华参观人数突破 200 万人，园区直接收入 7000 万元，带动周边乡镇草莓采摘收入 4 亿元。

2015 年，在京津冀协同发展的大背景下，第三届北京农业嘉年华首次由京津冀三地联合举办，瞄准现代国际农业发展的方向，与京津冀功能定位相结合，首次设立了天津馆、河北馆，并举办了天津、河北主题日，以及文化民俗推介、优质农产品展示等活动。京津冀三地的特色农业、民俗文化和优质农产品同台亮相，描绘了京津冀三地现代农业协同发展的美好前景。这届嘉年华场馆建设全部以先进的智能连动温室为基础搭建，以 110 余项科技为支撑，体现了农业集约高效的生产特点，突出了"自然·融合·参与·共享"和"美丽乡村，快乐生活"的主题，是一次集生态休闲、娱乐体验、教育示范等多功能于一体的都市型现代农业盛会。搭建休闲农业发展的服务合作平台，力促三地信息互通，互为市场，资源共享，互利共赢，为三地现代农业发展铺路搭桥，正是三地联合举办嘉年华的初衷。京津冀联手办展是此次农业嘉年华的最大特色，目的就是让三地资源利用最大化，促进三地特色农业、民俗文化宣传推广一体化，实现协同发展、互惠共赢。第三届农业嘉年华中"山海情缘"主题展馆，集中展示天津特色农业。展区面积 2300 平方米，由天津海洋农业主题景观、盘山主题景观、传统民俗展示、舞台表演和互动体验五大区域组成，馆内还设置了互动体验项目，游客可在展馆里"看海"、钓鱼。天津主题展馆是以山海文化为依托的具有天津特色的现代都市型农业的缩影。"燕赵葡园"主题展馆，面积 3450 平方米，多角度演绎了葡萄在河北农业发展中的重要作用，让游客在参观和互动参与的过程中更加深入了解河北、认识河北。

2016 年，第四届北京农业嘉年华继续为京津冀三地农业合作搭建了平台，在布展上天津、河北也拥有了独立的展示空间。三地的特色农业、民俗文化和优质农产品同台亮相，异彩纷呈。天津展馆占地 3000 多平方米，以"南望津郊"为设计主线，从对七里海国家级湿地的保护、农业物联网在生活中的实际应用，到对沙窝萝卜、小站稻等地域品牌产品及品种的推介；从对农村民俗民风的挖掘，到艺术大师以泥塑形式对农村生活场景的诠释；从现代农业走向城市家庭的展示，到与自贸试验区的有机融合，全方位、多角度地实景展现了天津科技农业、智慧农业、绿色农业、品牌农业发展特色。"印象河北"展区以大境门为原型设计了景观门，准备迎接来自五湖四海的宾朋。白雪皑皑的场景让人提前感受到了冬奥会的气息。场馆的中心是精心打造的白洋淀湿地自然保护区的微缩景观，渔船、水车、芦苇、水草、鱼苗……真实地再现白洋淀得天独厚的自然生态。河北馆除了突出旅游文化，还推出红色文化，为了还原西柏坡的老房子和老物件，突出河北美丽乡村的建设成果，整个展示区的设计装饰共用了 10 余种粮食作物。

2017 年第五届北京农业嘉年华的理念是"科技农业，绿色生活"，京津冀一体化在农业嘉年华中也充分得以体现。"津生有园"主题馆，以生态循环农业概念作为场馆规划的设计思路，让游客了解循环农业的具体内容，科学地解释了发展循环农业对大气、土壤，以及水资源的可持续利用产生的积极作用。"冀在心田"主题馆主要介绍河北农产品品牌及乡村旅游品牌，从"冀好吃""冀好喝""冀好看""冀好玩"四大板块向游客展示河北的旅游、特产及文化。

2015 年以来，各届北京农业嘉年华均由北京市昌平区人民政府主办，同时得到了北京市农村工作委员会、天津市农村工作委员会、河北省农业厅等单位的大力支持。京津冀联手举办北京农业嘉年华，搭建了休闲农业发展的服务合作平台，促使三地信息互通、互为市场、资源共享、互利共赢，为三地现代农业发展铺路搭桥，让三地资源利用最大化，促进了三地特色农业、民俗文化宣传推广一体化，实现协同发展、互惠共赢。北京农业嘉年华已成为京津冀都市现代农业展示的窗口、产业融合的平台和城乡互动的缩影。

（二）北京种子大会走出北京在河北省廊坊市举办

北京种子大会从 1992 年开始到 2017 年历年均在北京市丰台区举办。2018 年的第二十六届北京种子大会着眼于创新打造京津冀现代种业协同发展的大格局，会议地点首次移师河北廊坊国际会展中心，展出模式提档升级，更加规范。大会国内外展商云集，国际味十足。专设的特装展示区，集中京、津、冀、沪、渝种业成果展示；在国际融合展示区，将"一带一路"国际种业成果进行展示。会议期间，还召开了亚太地区知识产权与植物新品种保护论坛，中国原创育种家圆桌座谈会，京津冀沪渝种业成果发展交流座谈会，"一带一路"倡议在种业国际合作中的机遇和挑战、互联网助力种业发展和变革、全国蔬菜种子质量提升与检测技术等种业高峰论坛。同时，大会在精准扶贫方面全力搭建良种捐赠、品种推介、培训指导、技术服务、回购农产品等全产业链精准扶贫体系。

第二十六届北京种子大会以"振兴民族种业、助力脱贫攻坚"为主题，精准靶向内蒙古和河北省扶贫协作县区的特色资源禀赋，组织北京市多家农林科学研究院所和高新农业技术企业，为受帮扶县免费精准提供优质良种、免费提供全方位农业技术服务、落地农业产业实体投资项目。大会举办了良种捐赠签约仪式、免费技术服务签约仪式和扶贫实体项目签约仪式。近百家知名种子企业与北京扶贫协作地区签订67个价值450余万元的种子捐赠协议，15个农业技术服务协议，还有6.35亿元的实体产业项目签约，初步取得实实在在的扶贫成果。同时，北京种子大会组委会专门成立了"种业扶贫跟踪服务小组"，把种业扶贫落实、落细，让贫困群众真正获得实惠，北京市通过"良种前端捐赠、农业技术全程服务、农产品后续回购"的方式，搭建产业链精准扶贫体系，切实帮助当地农业产业提质增效，解决农户产销一体化难题，并定期组织种业专家对大会成果项目进行跟踪服务、继续组织百家知名种子企业深入扶贫协作地区对接，加大推动更多农业产业落地。

此次大会，国内外总计有560余家种子企业参会，交易展示优良品种8000余个。同时，在北京丰台世界种子大会品种展示基地举办了高品种茄果类、椒类、瓜类、叶菜类等作物品种的展示观摩活动。业内人士认为，该会议是对扶贫攻坚战的深入探索，更是对扶贫工作的实际助力，有助于种业的产业化发展，助力贫困地区加快脱贫步伐。

2019年10月18日，第二十七届北京种子大会暨第二届北京种业扶贫大会在廊坊国际会展中心开幕。大会吸引国内外种子企业、名优特农产品企业及北京帮扶地区涉农企业等近千家企业参加。这届大会由中国种子贸易协会、北京种子协会、丰台区种子协会联合主办，旨在全面贯彻落实习近平总书记关于扎实推进脱贫攻坚的重要指示，坚决助力受援地区打赢脱贫攻坚战。大会以"发挥种业核心作用、精准助力脱贫攻坚"为主题，依托京津冀协同发展战略，全面聚焦种业精准扶贫，通过良种捐赠、品种推介、培训指导、技术服务、产品营销建立了北京种子大会全产业链精准扶贫体系。大会上，河北省和内蒙古的10个盟（市）展示了最新脱贫攻坚成果。60多家参展种子企业针对北京市对口帮扶的内蒙古、河北地区捐赠了价值500余万元的蔬菜、瓜果和大田作物种子，共计196个品种，预计种植面积16000亩。

大会还举办了中国种业国际贸易与合作论坛、北京种业创新发展论坛、全国种子种苗质量控制技术论坛和中国原创主流番茄商业育种研讨等，就我国相关种业政策、种业发展现状、北京种业发展行动计划、蔬菜产业高质量发展、种业科技成果转化中的合作机遇等热点问题进行解读和分享，为企业发展和行业发展把脉。利用大会平台，北京市种子协会开展了北京市农业植物新品种权规范使用示范活动，倡导保护创新，打击侵权，促进种子产业健康发展。同时，大会邀请国内外总计 670 余家种子企业、120 余家名优特农产品企业进行参展和交易，一批我国种业发展的新成果、新产品和新技术在展会上集中展示。

北京种子大会经过多年的发展已成为国内最具规模、最有影响力的行业展会，为中国现代种业发展做出了突出的贡献。北京种子大会具有种业基础性、战略性核心产业的突出作用，通过努力，紧紧围绕国家（北京）现代种业创新示范区建设，创新驱动民族种业发展，构建国家级现代种业交易、交流、展示平台。北京种子大会一直致力于为商户、企业搭建交易平台，为广大农户提供最新种植技术、为广大商户提供最新试种品种，助力扶贫攻坚。

（三）延怀河谷葡萄文化节

北京市延庆区和河北省怀来县山水相连、地缘相接、地域一体、文化一脉，经济社会交流源远流长。延怀河谷葡萄及葡萄酒产区是延庆、怀来两地以官厅水库为核心，以妫河、桑干河、洋河、永定河流域为重点，以葡萄种植、葡萄酒酿造和酒庄文化旅游为主导产业，具有资源共享、产业融合、一体化发展特征的区域经济体。延怀河谷产区处于北纬 40 度葡萄种植的"黄金地带"，是世界上唯一位于国家首都的葡萄及葡萄酒产业区，具有悠久的葡萄种植酿造历史和良好的产业基础。

延怀河谷产区共建发展，是两地贯彻落实习近平总书记重要讲话精神，推动京津冀协同发展国家战略的具体举措，是实现两地产业一体化发展的关键支撑，也是自觉打破"一亩三分地"思维定式，促进两地葡萄及葡萄酒产业互补共进的现实需要。2013 年，两地政府共同编制了《延怀河谷葡萄产业带发展规划》，为产业协同发展指明了方向；2014 年，两地政府联手成功举办第十一届世界葡萄大会，向世界展示了延怀河谷产区的风采；2015

年和 2016 年，两地携手共同参加第三届、第四届中国葡萄酒大会。此外，延怀河谷葡萄获得了农业部颁发的国家农产品地理标志证书，成为中国第一家跨区域申报的农产品地理标识品牌；在"全国果菜产业质量追溯体系建设年会暨第十四届中国果菜产业论坛"上，延怀河谷葡萄荣获"2016 全国果菜产业百强地标品牌"和"2016 全国果菜产业十佳文化传承地标品牌"荣誉称号。

自 2017 年开始，延怀两地将紧紧抓住 2019 年世界园艺博览会、2022 年冬季奥运会举办的契机，把延怀河谷共建纳入首都北部长城文化带建设和京张体育文化旅游产业带建设之中，深化产业合作，致力扶贫攻坚，将延怀河谷葡萄产区打造成京郊旅游金名片，共同谱写京津冀产业协同发展的新篇章。2017 年 9 月 15 日，首届延怀河谷葡萄文化节暨第十八届中国·怀来葡萄节在怀来县开幕。首届葡萄文化节期间，北京和河北两地政府签订了《深化葡萄和葡萄酒产业合作，促进低收入村（户）脱贫攻坚，推动园艺产业发展战略合作协议》，举办了京津冀葡萄产业协同发展研讨会，此外，还举办了丰富多彩的可供市民参与体验的特色活动，如延怀河谷风情、延怀河谷嘉年华等。

第二届延怀河谷葡萄文化节于 2018 年 9 月 15 日至 10 月 10 日举办。由中国农学会葡萄分会、北京市园林绿化局、张家口市林业局、延庆区人民政府、怀来县人民政府主办，主题为"品味长城脚下葡乡风情　畅游官厅湖畔延怀河谷"，第二届葡萄节以打造具有知名度和美誉度的葡萄及葡萄酒产区为目标，以大力发展葡萄观光游和采摘体验游为手段，深度挖掘葡萄及葡萄酒文化，宣传推介延怀河谷葡萄及葡萄酒地标品牌，推动延怀两地葡萄产业协同发展向更高层次推进，打造京津冀产业协同发展的典范。

2019 年 9 月 8 日至 10 月 10 日，由北京延庆区人民政府、河北怀来县政府主办的第三届延怀河谷葡萄文化节暨第二十届中国·怀来葡萄节在怀来县开幕。这次活动旨在提升葡萄产区知名度和影响力，打造"中国领先、世界知名"的国际葡萄之都。

波尔多是法国西南重要的工商业城市，同时也被称为世界葡萄酒中心，波尔多葡萄酒行业协会每两年举办一届盛大的国际酒展。怀来县所处的纬度位置和波尔多一样，非常适合葡萄种植和葡萄酒酿造。怀来县位于北纬 40 度葡萄种植黄金地带，有 1200 年葡萄种植历史，全县年平均气温 8.9℃，年均降水量 400 毫米，具有四季分明、光照充足、雨热同季、昼夜温差大的气候特点，是全国著名的葡萄和葡萄酒产区，有"中国葡萄之乡""中国葡萄酒之乡"的美誉，是全国葡萄标准化种植示范县。1979 年，中国第一支干白在怀来诞生，此后，为中国赢得国际级评酒会上首枚奖牌的长城龙眼干白葡萄酒、中国第一瓶香槟法起泡葡萄酒、第一瓶符合国际标准的白兰地、第一瓶酒庄酒都诞生在怀来。怀来，见证了干型葡萄酒从无到有、葡萄酒产业从小到大的发展历程，在世界葡萄酒版图中，拥有着华丽而经典的一席之地。始建于 1979 年的长城桑干酒庄，作为开创中国酒庄酒历史的鼻祖，开启了中国酒庄酒的辉煌历史，谱写了民族葡萄酒款待世界的荣耀篇章。目前，怀来县葡萄种植面积 10 万亩，葡萄酒加工能力 15 万吨，葡萄酒销售量 5 万吨，葡萄酒企业 39 家。其中，长城五星及桑干酒庄葡萄酒为国宴用酒，长城葡萄酒为 2008 年北京奥运会、2010 年上海世博会、2014 年 APEC 会议和 2017 年"一带一路"国际高峰论坛指定葡萄酒。以长城葡萄酒为代表的众多民族葡萄酒品牌正以其独特的味道和气质享誉世界。怀来曾先后打造了"长城""中法""紫晶""坤爵"等名优品牌 30 个、数百种的葡萄酒产品，远销 20 多个国家和地区，累计获得国内外知名葡萄酒奖项 600 多项。怀来明确了"一二三产融合发展"路径、"葡萄+"策略。2019 年，怀来县实施了"延怀河谷葡萄示范基地项目"，延怀两地依托河北怀来官厅水库国家湿地公园共同打造优质葡萄种植示范基地，以打造"中国波尔多"为目标，共同朝世界葡萄酒一流产区迈进。

自 1999 年以来，怀来每年都举办一届异彩纷呈的葡萄节。2019 年延怀河谷葡萄文化节期间，举办了丰富多彩的可供市民参与体验的特色活动：延怀河谷风情游，推出了"葡香官厅湖畔一日游""探访长城驿站一日游""延怀河谷深度三日游" 3 条延怀河谷精品旅游线路，让游客品优质葡萄、赏民俗表演、尝特色葡萄宴、游休闲葡萄园、住高端民宿，尽享酒庄酒堡葡萄酒品鉴、鲜食果品采摘的乐趣；葡萄擂台赛、中秋民俗乐主题活动暨葡萄酒运动会、国庆亲子娱乐等趣味活动，让游客品味长城脚下葡乡风情。同时，延怀两地分别推出了各具地方特色的系列活动。仅在怀来县就将举办恒大葡萄酒交易中心启动仪式、怀来葡萄特产馆入驻京东商城、怀来葡萄酒公用品牌推广推介、吃葡萄大赛、怀来古城宣传推介会、怀来葡萄酒盲品大赛等 18 项活动。

"延怀河谷葡萄文化节"的举办，进一步加强了延怀区域合作，共同推进葡萄产业发展，成为打造京津冀产业协同发展的典范，是延怀两地为深入贯彻落实《京津冀协同发展规划纲要》、加强区域合作、推进葡萄产业发展的重要举措。通过大力发展葡萄观光游和采摘体验游，深度挖掘葡萄及葡萄酒文化，宣传推介延怀河谷葡萄及葡萄酒地标品牌，为实现全域旅游重大战略目标提供精品旅游资源，打造具有知名度和美誉度的葡萄及葡萄酒产区，从而推动延怀两地葡萄产业协同发展。

（四）京津冀蔬菜产销对接大会

2014 年落成的北京新发地·河北高碑店农副产品物流园，是河北省保定市承接北京产业转移的重要招商项目，也是北京新发地农产品有限公司"内升外扩"战略布局的亮点工程。随着京津冀一体化步伐的加快，作为民生保障的首要条件，农副产品的生产、流通、供应如何更好地协同发展，京津冀三地的农业部门通过搭建产销对接平台，探索出一条服务京津冀农产品供应、提升区域现代农业和流通产业发展的有效途径。

2016 年 9 月 21 日，首届京津冀蔬菜产销对接大会在北京新发地·河北高碑店农副产品物流园拉开了帷幕。大会由河北省农业厅（省农工办）、北京市农村工作委员会、天津市农村工作委员会、保定市人民政府联合举办，围绕"绿色、生态、高端、发展"主题，全面展示河北蔬菜产业发展成果，搭建京津冀蔬菜产销合作平台，促进京津冀蔬菜产业深度融合，推动建设优势互补、产销一体的蔬菜产业发展新格局。大会集中展示了农产品生产流通领域的新设施、新装备、新品种、新技术、新产品。河北省蔬菜种植基地与来自京津等地的买家签订了战略合作协议和采购协议，番茄、黄瓜、青椒、豆角等 68 万吨蔬菜在会上找到买家，涉及金额 16.3 亿元。京津冀三地联合举办首届蔬菜产销对接大会，是落实京津冀现代农业协同发展规划，引领河北蔬菜产业供给侧改革的一次盛会，也是促进京津冀三地优势互补、市场相通的重大举措。该大会通过搭建京津冀蔬菜产销合作平台，建立蔬菜产销对接的长效机制，促进了京津冀蔬菜产业深度融合发展，辐射带动了京津冀周边区域蔬菜产业的转型升级，从而推动三地蔬菜产品向优质、高端、精品快速提升，帮助农民脱贫致富。

2017 年第二届京津冀蔬菜产销对接大会，秉承"展示精品、宣传推介、深化合作、促进对接"的办会宗旨，围绕"绿色、高端、共享、发展"主题，安排了现场观摩、冀菜精品展、装备物资展、局长卖菜、产销洽谈、对接扶贫、专家讲座等活动。北京农产品流通协会、天津市农副产品流通协会、河北省蔬菜行业发展联合总社共同发起成立京津冀蔬菜产业联盟，与会领导现场为产业联盟举行揭牌仪式。第二届京津冀蔬菜产销对接大会，全面展示了河北省蔬菜发展成果，提升了河北蔬菜知名度，促进了京津冀三地蔬菜产销合作，有力推动了河北蔬菜产业朝着"科技、绿色、品牌、质量"方向迈进。

继成功举办两届京津冀蔬菜产销对接大会后，为有效落实京津冀现代农业协同发展规划，促进京津冀蔬菜、食用菌产销对接，2018 年 5 月又继续举办第三届京津冀蔬菜食用菌产销对接大会。对接活动秉承"保障京津、服务雄安、展示精品、促进对接"的宗旨，通过精品展销、冀菜盛宴、局长卖菜、产销洽谈、专题讲座、扶贫对接等多种交流形式，别开生面地展示河北省蔬菜、食用菌和产业扶贫成果，促进京津冀产销深度合作，推动三地现代农业协同发展。河北省蔬菜、食用菌等特色农产品生产基地和贫困县重点农业企业负责人，京津等地经销商，京东、阿里巴巴等电商采购代表，以及蔬菜、食用菌生产装备企业负责人等 2000 余人齐聚大会，面对面洽谈合作。

2019 年 4 月 25—26 日，第四届京津冀蔬菜食用菌产销对接大会暨河北省特色优势农产品推介活动在邯郸市国际会展中心成功召开。此次大会共设蔬菜与食用菌、特色优势区农产品、产业扶贫、深加工及中央厨房、农用物资装备、邯郸地方特色农产品六大产品展示区，150 个展位，展示河北省蔬菜、食用菌等特色农产品近 1000 种。通过展示推介、产销对接和产业扶贫等多种形式，促成产销双方在现场集中签约，推动京津冀现代农业协同发展。会上，京津冀蔬菜产业联盟在活动现场发布需求合作信息，中绿联合（北京）农业科技推广中心、北京优鲜生活社区配送服务有限公司等单位与河北省蔬菜种植基地签订战略合作协议或采购协议，共达成产销合作意向 58.35 万吨，涉及白菜、食用菌、番茄、黄瓜、青椒、豆角、甜瓜等20 多种，金额约 14.28 亿元。

（五）京津冀品牌农产品产销对接活动

近年来，河北省委、省政府的高度重视并深入实施"区域、企业、产品"三位一体品牌发展战略，挖掘了一批特色鲜明、底蕴深厚的区域公用品牌，打造了一批"河北质造"、口碑优良的农业企业品牌，树立深入人心的河北整体农业品牌形象。一是实施区域品牌提升工程，带动农业产业链条发展，打造了一批"河北特色、中外驰名"的区域公用品牌；二是实施产品品牌孵化工程，拓宽品牌产品销售渠道，自主创建一批特色农产品品牌；三是实施企业品牌腾飞工程，提高品牌企业国际地位，全省共培育省级龙头企业 720 家，国家级龙头企业 46 家，造就了五得利、今麦郎、金沙河、六个核桃等一批行业领军企业品牌；四是构建品牌推介宣传体系，打造整体农业品牌形象，打造一个"好吃、好喝、好放心"的整体农业品牌形象。此外，在天猫等知名电商平台设立河北品牌农产品专区，线下注重传统媒体宣传推介，搭建 O2O 平台，开展线下品味、线上采购的营销模式。据介绍，河北省还将在北京开设河北品牌农产品展示展销中心，让更多的北京市民可以一站式购买河北优质品牌农产品。作为农业大省，河北从区域公用品牌农产品入手，创办特色农产品优势区。河北至少有 123 种特色农产品获得了区域公用品牌，丰宁黄旗小米、围场马铃薯、玉田包尖白菜、平泉香菇、遵化香菇、晋州鸭梨、迁西板栗、临城薄皮核桃、阳原驴、隆化肉牛，这些都是响当当的招牌。

2016 年 12 月 9 日，首届京津冀品牌农产品产销对接活动在北京全国农业展览馆举行。来自北京、天津、河北的 110 多家企业、采购商、大型商超、电商平台、批发市场经销商代表参加了此次对接活动，达成意向协议 4.73 亿元。此次对接活动以"对接优势资源，推动京津冀农产品市场流通"为主题，是落实中共中央、国务院关于京津冀协同发展战略部署的重要举措，是落实供给侧结构性改革的重要抓手，是以品牌引领、推动京津冀农产品产销对接的具体行动。活动由农业部市场与经济信息司主管，北京市农村工作委员会、北京市农业局、天津市农村工作委员会、河北省委省政府农村工作办公室、河北农业厅共同主办，中国农产品市场协会、中国农村杂志社承办。中国农产品市场协会会长张玉香指出，京津冀协同发展是重大国家战略，为新时期农业发展带来了新的机遇。京津冀协同发展，农业要先行。要加快转变农业发展方式，使农业成为京津冀协同发展的重要基础支撑；要坚持创新引领，优势互补，充分挖掘京津冀三地的要素禀赋，发挥品牌带动效应；要建立现代农产品流通体系，推动形成长期稳定的产销协作关系；要完善工作协调机制，实现信息资源共享，发挥好社会组织功能，推动农业协同发展。时任农业部市场与经济信息司司长唐珂强调，京津冀地缘相近，地理相似，区域合作不断强化，推动京津冀农产品流通一体化发展具有坚实基础。推进三地农产品产供销一体化要遵循优势互补、资源集聚、协同发展、合作共赢的原则，着力优化结构布局，加强产销衔接，塑强农业品牌，推进京津冀跨区域大品牌建设，推动京津冀农产品流通协同发展。

2017年12月10日，第二届京津冀品牌农产品产销对接活动在北京举行。来自北京、天津、河北的200多家企业、采购商、大型商超、电商平台、批发市场经销商代表参加了此次对接活动，达成意向协议7亿元。对接活动上，中国农产品市场协会会长张玉香分析指出，京津冀品牌农产品产销对接，首先，要对现有政策法规进行研究、调整或清理，努力构建与协同发展目标吻合的政策法规体系，激发协同发展活力；其次，要立足京津冀资源禀赋、环境承载能力和农业发展基础，统筹谋划区域功能定位，优化农业产业布局；再次，要进一步完善京津冀农产品流通体系和质量安全体系，合理布局农产品产地市场与区域农产品集散中心，完善冷链物流、直销配送体系，努力构建统一市场；最后，要推动科研院所、社会组织等到环京津扶贫县开展产业援助，进一步推动环京津农业产业扶贫。农业部市场与经济信息司司长唐珂在会上表示，此次对接活动是贯彻落实党的十九大提出的实施乡村振兴战略和中央领导同志对环京津扶贫工作的重要指示精神，加快推进环京津贫困地区特色农业协调发展，促进区域农产品产销衔接，加快培育贫困地区农产品品牌的具体行动。下一步，将在总结实践、深入研究的基础上，坚持顶层设计、高位发力，开展丰富多彩的品牌创建活动，激发全社会参与品牌建设的积极性和创造性，推进品牌建设工作再上新台阶。

2018年11月30日，京津冀品牌农产品产销对接活动在新发地河北农产品展销中心举办，达成4.02亿元订单，品牌农产品已成为促进农业转型升级和农民增收的有效途径。河北是京津两地绿色优质农产品主要供应基地，做好产销对接是实现京津冀现代农业协同发展的重要途径。

2019年10月21日，第四届京津冀品牌农产品产销对接活动在北京新发地农产品批发市场举办。京津冀地区50多个县（区）的140多家供货商与来自全国各地的200多家采购商积极接洽，将京津冀品牌农产品推向更广阔的市场，现场签约金额达 3.02 亿元。该次活动旨在贯彻落实京津冀协同发展战略，发挥品牌引领作用，促进环京津贫困地区品牌农产品对接京津大市场，帮助贫困地区农产品卖得好、卖上价，加快农民增收致富步伐。活动期间还组织了产销对接签约仪式，北京、天津、河北等省市品牌经营主体登台推介了本地区特色优质农产品。

（六）北京张家口优质农产品推介会

为进一步落实国家京津冀协同发展战略，全力做好 2019 年世界园艺博览会和 2022 年冬奥会农产品服务筹办工作，首届北京张家口优质农产品推介会于 2016 年 10 月 14—16 日在北京市延庆八达岭国际会展中心举办。该届推介会以"京张牵手、绿色共享"为主题，以"展示成果、推动交流、促进交易"为办展目标，其主要作用为：推动优质农产品跨区域流通，促进现代农业发展；推动京津冀地区农业技术交流与合作供给改革；推动农业供给侧结构改革，实现京津冀农业产销对接；集中展示和推广京津冀优质农业企业及农产品品牌，为世界园艺博览会、冬奥会提供农产品服务保障平台；带动延庆当地的经济发展，促进延庆农业增效、农民增收、农产品影响力提升。该届展会共有来自北京和张家口两市的 128 家优秀企业携近600 余种产品参展，其中不乏中粮、京东生鲜、沱沱工社、多点、考拉商城等耳熟能详的品牌。

第二届北京张家口优质农产品推介会于 2017 年 11 月 3—5 日召开，由延庆区农村工作委员会主办，吸引来自北京、河北、天津三地 128 家优秀企业、600 余种产品参展。该届推介会以"打造京津冀优质农产品的未来"为主题，秉承"展示成果、推动交流、促进贸易"的办展宗旨，集中展示推广京津冀优质农产品发展新成果，努力打造京张乃至京津冀地区优质农产品展会品牌，成为立足北京、覆盖京津冀的农业合作、农产品促销平台。参加该届推介会的有饭爷、三元农业、千喜鹤、二商硒谷公社、归原有机奶、德青源、张家口萝川贡米等优秀农业品牌。推介会在展示丰富多样的农产品的同时，还举办了"延庆乡村美食、精品民宿展""京津冀食品安全与农贸高峰论坛""京津冀优质农产品品牌推介"等丰富多彩的论坛及活动。

2018 年，第三届北京张家口优质农产品推介会由延庆区农村工作委员会主办，北京市农村工作委员会、延庆区人民政府、中国食品安全报作为特别指导单位。该届推介会吸引了来自北京、天津、河北、内蒙古、山东等地的 160 余家企业参展，展览面积 6400 平方米，展出品类 600 余种，集中展示推广了京津冀蒙优质农产品发展的最新成果。在推介会前期，延庆区积极开展"10·17"国家扶贫日消费活动，邀请内蒙古兴和县、河北省张家口市宣化区、怀来县等受援县（区）合作社、经济体、扶贫企业等推销当地优质农畜产品，拓展进京销售渠道，助力脱贫攻坚。该届推介会在展示丰富多样的农产品的同时，还举办了"中国延庆金禾奖"年度十佳优质农产品品牌颁奖典礼、"京津冀蒙优质农产品品牌推介"等论坛及活动。万达有机农业、颐和园花卉研究所、首农延庆农场、奥伦达部落、张家口北宗黄酒、内蒙古察尔湖农业科技、山东蓝海生态农业等亮相本届推介会。

2019 年 9 月 23 日，在中国农民丰收节庆祝活动中，第四届北京张家口优质农产品推介会在北京八达岭国际会议中心举行，这届推介会以"京津冀协同发展新动力"为主题，全面展示了一年来三地农业农村取得的新成绩，提升了三地农民的荣誉感和幸福感，为助力乡村振兴、加快推进新时代农业农村现代化提供强大合力。近百家京、冀、蒙三地知名企业和合作社参展，展品达 600 余种，为三地优质农产品互联共通奠定了基础。推介会上，北京延庆区农产品区域品牌"妫水农耕"正式发布，包括果品、蔬菜、畜牧、杂粮、园艺花卉的系列优质农产品将走进千家万户。

2022 年冬奥会将为北京和张家口两地合作和发展带来新的契机。北京张家口优质农产品推介会为实现三地优质农产品产销对接，推动优质农产品跨区域流通，提高农业质量效益和竞争力奠定了基础。该推介会通过集中展示和推广北京及河北省张家口地区优质农业企业及农产品品牌，展现都市型现代农业成果，推广新品种、新技术、新成果，推动跨区域交流合作及农业供给侧结构性改革，实现京津冀农业产销对接，进而带动延庆和张家口两地经济发展，为两地农业增效、农民增收发挥重要作用。北京张家口优质农产品推介会将持续举办下去，并成为推动两地共同发展的重要盛会。

（七）面向京津的第二十二届中国（廊坊）农交会聚焦乡村振兴

2018 年 9 月举办的第二十二届中国（廊坊）农产品交易会（以下简称农交会）以"科技、绿色、品牌、质量"为主题，由农业农村部、中华全国供销合作总社、河北省人民政府主办，中国农业科学院、中国林业科学研究院、中国农业大学、农民日报社协办，廊坊市人民政府、河北省农业厅、河北省供销社等承办。

此前，中国（廊坊）农产品交易会已连续成功举办了 21 届，搭建起农产品产销衔接的良好平台，成为展示农业新产品、推广新技术的窗口，受到农业客商、农民朋友和科技人员的关注。第二十二届农交会进一步聚焦乡村振兴战略，面向京津、放眼全国，围绕"展示成果、推动交流、促进贸易"的办会主旨，紧密结合河北省农业供给侧结构性改革三年行动计划，精心设置了科技绿色、品牌质量、展示贸易三大板块。

雄安新区农业科技创新高地孵化论坛、农林科技成果转化展、科技创新助力现代农业展、河北国际绿色农业周、河北现代农业发展论坛、电子商务进农村高端论坛、中国国际农业遥感应用技术高峰论坛、水资源保护与可持续利用展、现代农业机械装备展、气象服务现代农业展、农业综合开发成果展、绿色粮油展 12 项科技绿色板块活动，河北省十大特色产业工作先进县评选发布、河北省品牌农产品产销对接、大型农产品批发市场发展论坛、环渤海奶业发展论坛、京津冀果品争霸赛暨获奖产品展、都市现代农业暨乡村旅游发展峰会、农业产业化联合体评选 7 项品牌质量板块活动，农业供给侧结构性改革综合展、区域特色农业展、河北省现代农业展、供销系统农业社会化服务展、优质特色农产品销售活动、"一带一路"国际农产品展、河北省对口帮扶地区特色农产品展 7 项展示贸易板块活动，在农交会期间得到了集中亮相登场。

此外，大会还设置了金丰农科园、第什里风筝小镇、林城村美丽乡村和新苑阳光农业高科技园区 4 个分会场，对外集中展示现代农业园区建设及发展模式，将现代创意农业拓展、高新农业示范、农业科技成果交易、农业科普教育、美丽乡村等进行普及推广。

第二十二届农交会主题更加鲜明，通过组织高端论坛、专题对接、贸易展览等系列活动，充分展示河北省农业供给侧结构性改革最新成果，努力打造现代农业成果展示窗口和高质量发展促进平台。板块布局更加合理，大会活动板块围绕主题，组织举办多项优势互补的主题论坛、贸易展览、项目签约、新闻发布等活动，努力做到错位展示、相得益彰。会议内容更加超前，围绕增强农业可持续发展能力、提升农产品有效供给能力、提高市场占有率，在进一步明确各项活动主题、展览重点的基础上，首次创新设立举办多个展览和活动，努力打造现代农业发展风向标，引领农产品结构调整方向。

（八）天津积极举办京津冀优质农产品展示交易会和京津冀年货节

1. 2018 年中国（武清）京津冀优质农产品展示交易会

正值中秋佳节和中国农民丰收节，2018 年中国（武清）京津冀优质农产品展示交易会暨对口帮扶地区特色农品展在天津市武清区举办，不少京津冀地区市民前来"赶大集"。该展会共设置 100 个展位，现场人山人海。除了京津冀地区特色农产品外，还有甘肃省、西藏自治区商户带来的当地特产，如甘肃静宁县苹果酿成的 XO 酒、西藏江达县的章子菌和野生枸杞……此次活动的目的是加快融入京津冀协同发展，增强区域内农业资源整合，延展农业产业链优势和竞争力，武清区计划以此展会为平台，进一步深化"通武廊"（指北京通州区、天津武清区与河北廊坊市组成的自然地域）地区农业合作。作为国家级现代农业示范区，武清区近年来不断加快农业供给侧结构性改革，发展现代农业取得了累累硕果，农业产值和规模在全市名列前茅，绿色农业已经成为"京津卫星城美丽新武清"城市品牌形象的重要组成部分。

2. 品味静海·京津冀年货节

天津市静海区结合京津冀协同发展重要战略，积极与全国各省（区、市）携手打造 2018 年京津冀年货节这一独特的产业平台，精准对接市场。不仅有来自北京、天津、河北、山东的产品参展，年货节作为产业平台还向甘肃、西藏、新疆等对口支援地区发出了邀请，将办年货与扶贫攻坚有效结合，如新疆大枣、甘肃苹果等特色产品亮相年货节，让产业扶贫增加了更多的自身"造血"功能，加速了扶贫对口地区特色农产品的集中发力。

第七章 北京农业区域合作的对策建议

一、建立农业区域合作的协调机构

必须打破行政界限造成各自为政、各自发展、相对封闭的发展格局，建立能够形成各省（区、市）农业发展融合互补的协调机构，并通过协调机构的作用，使合作的省（区、市）农业资源和要素的集聚与配置更合理，产业之间、市场之间的互补性更强，在充分发挥各自优势的基础上，真正做到扬长避短，农业产业链有机衔接。

二、科学制定农业区域合作发展的中长期规划

农业区域合作发展的基础是市场，同时，政府的引导和服务作用也很重要。目前多以双边合作为主，少有多边合作，而且对合作缺少必要的规划，容易造成目标和重点不明。政府的引导和服务作用应主要体现在继续深化行政体制改革，推动各地区农业生产要素和产品市场渠道建设，完善金融、保险、物流和仓储等各种生产性服务功能的建设，并通过制定农业区域合作发展的中长期规划，引导农业区域合作的健康发展。

三、构建农业合作区域农产品质量监督、检验检疫、市场准入互认制度

通过在农业合作区域农产品质量监督、检验检疫、质量安全追溯、市场准入等方面实施互认制度，避免农产品重复检验检疫。减少对外埠农产

品运输车辆的限行限制措施，提高流通效率，减少流通成本，打造新型绿色通道。

四、实施品牌农业建设工程

在品牌农业建设过程中还缺乏合作机制，应积极开展品牌农业推进活动，加大政府对农业品牌建设的扶持和保护。整合各地区农产品品牌资源，全面部署，层层落实，努力在农产品商标注册、质量安全认证、品牌覆盖基地能力等方面有所突破。

五、做好农业区域合作推介服务工作

积极为北京对口支援地区、东西部扶贫协作地区以及区域合作地区的特色农产品对接北京市场而努力。利用北京农业展览馆、农业嘉年华以及各种推介展销会等平台优势，实现对口地区、革命老区、区域合作地区特色农产品的直接对接，形成集经贸洽谈、成果发布、产销对接、品牌推介、交流合作等多位一体的综合平台，提高各省（区、市）农产品在北京的知名度和市场占有率，为当地农民增收、农业增效起到积极作用。

参考文献

包永江，1986. 中国城郊发展研究 ［M］. 北京：中国经济出版社.

北方牧业，2009. 北京与吉林签订生猪产销对接合作协议备忘录 ［J］.
　　北方牧业（17）：28.

北京市农村经济研究中心，2018. 北京市农村统计年鉴 2017 ［M］. 北
　　京：中国农业出版社.

北京市统计年局，2018. 北京统计年鉴 2017 ［M］. 北京：中国统计出
　　版社.

北京市统计年局，2019. 北京统计年鉴 2018 ［M］. 北京：中国统计出
　　版社.

曹阳，王亮，2007. 区域合作模式与类型的分析框架研究 ［J］. 经济问
　　题探索（5）：48-52.

陈莹莹，2011. 提升保障能力，确保质量安全 ［N］. 经济日报，2011-
　　06-13（7）.

成德波，傅鹏，2016. 统筹布局促发展，砥砺奋进谱新篇 ［J］. 中国农
　　垦（3）：7-10.

承德市人民政府，2007. 以科学发展观为指导，推进京承农业区域合作
　　健康发展 ［EB/OL］. 2007-12-08. http：//www.doc88.com/p-
　　098202772154. html.

戴宏伟，2003. 北京产业梯度转移和产业结构优化的几点思索 ［J］. 首
　　都经济（6）：33-34.

邓兰兰，2006. 异地农业理论与模式初探 ［J］. 南方农村（6）：39-42.

高振发，刘雅静，2018. 第二届延怀河谷葡萄文化节开幕 ［N］. 河北日
　　报，2018-09-16（3）.

何衡柯，2011. 政企联合，北京破解"菜篮子"难题 ［N/OL］. 北京商

报, 2011-10-10. http://roll. sohu. com/20111010/n321624072. shtml.

洪晔, 2015. 京津冀地区品牌会展发展现状与发展策略 [J]. 出版广角 (11): 78-79.

华凌, 2018. 北京: 对口帮扶河北赤城县脱贫 [N]. 科技日报, 2018- 07-11 (7).

姬悦, 李建平, 2016. 京津冀协同发展背景下休闲农业园区定位与思考 [J]. 世界农业 (9): 232-236.

孔祥智, 程泽南, 2017. 京津冀农业差异性特征及协同发展路径研究 [J]. 河北研究, 37 (1): 115-121.

雷汉发, 孙艳, 2012. 河北承德正成为首都的 "菜篮子" 基地 [N]. 经济日报, 2012-03-21 (13).

李杰, 2018. 京津冀农业产业化龙头企业联盟成立 [N]. 农民日报, 2018-07-05 (3).

李军民, 宋维平, 李绍明, 等, 2009. 北京籽种产业企业与市场培育策 略研究 [J]. 中国种业 (11): 9-13.

李庆国, 芦晓春, 2017. 京津冀农业科技创新联盟成员已超60家 [N]. 农民日报, 2017-06-26 (2).

李庆国, 芦晓春, 2019. 合力续写协同发展的农科新篇章 [N]. 农民日 报, 2019-10-22 (8).

李铁成, 刘立, 2014. 会展业区域合作的理论基础与分析框架 [J]. 特 区经济 (8): 228-230.

李瑛, 2011. 论不同农业合作模式的比较与选择 [J]. 中国乡镇企业会 计 (11): 255-256.

李颖, 黄冠华, 2012. 北京市发展总部农业的 SWOT 分析术 [J]. 北京 农业职业学院学报 (1): 9-12.

李永实, 2007. 比较优势理论与农业区域专业化发展——以福建省为例 [J]. 经济地理 (4): 621-624, 628.

刘娜, 2006. 京承农业合作与区域经济可持续发展 [J]. 生产力研究 (7): 156-157, 211.

刘树, 马俊哲, 2018. 京津冀协同发展中的会展农业发展研究 [M] // 吴宝新. 北京农村研究报告2017. 北京: 中国言实出版社.

芦晓春，2015. 北京农园节开启京津冀休闲农业"微"时代 ［N］. 农民日报，2015-07-20（2）.

芦晓春，2018. 北京蔬菜技术落地河北 ［N］. 农民日报，2018-05-03（3）.

芦晓春，2019. 北京市科委持续推进对口科技帮扶赤城县 ［N］. 农民日报，2019-08-21（8）.

陆迁，2003. "公司+农户"农业产业化组织运行中的矛盾和对策 ［J］. 乡镇经济（2）：8-9，25.

马俊哲，石进朝，王绍飞，等，2012. 北京市农产品加工企业建设外埠原料生产基地的政策研究 ［J］. 北京市经济管理干部学院学报（6）：22-26，36.

马林，杨玉文，2007. 区域经济合作理论与实践及其对东北区域合作的启示 ［J］. 经济问题探索（5）：43-47.

马同斌，李华，刘学军，等，2008. 京承农业合作案例研究 ［J］. 中国农学通讯，24（12）：551-555.

马同斌，王有年，李华，等，2008. 京津冀都市圈农业合作战略研究 ［J］. 中国农学通报（1）：539-544.

彭永芳，谷立霞，朱红伟，2011. 京津冀区域合作与区域经济一体化问题分析 ［J］. 湖北农业科学，50（15）：3236-3240.

山东农业信息网，2009. 泰安市加大科技投入力度提高农产品的科技含量 ［EB/OL］. 2009-08-01. http：//www. foods1. com/content/818472/.

史锦梅，2003. WTO 与农产品的品牌意识 ［J］. 甘肃农业（2）：17-19.

孙波，2012. 劳动力价格上涨对企业发展的影响及对策 ［J］. 山东人力资源和社会保障（1）：28-29.

唐翠英，2011. 推进蔬菜的产供销一体化建设——"菜贱伤农，菜贵伤民"问题的反思 ［J］. 商品与质量（S7）：78.

陶宁，2017. 区域合作视域下乡村旅游的发展路径探究 ［J］. 农业经济（11）：52-53.

汪洋，2016. 大别山扶贫的"金寨样本" ［J］. 农村工作通讯（5）：59-61.

王菲菲，2011. 京晋农业合作全面展开，三大问题需引起注意 ［N/

OL］. 2011-10-27. http：//www. 99sj. com/News/226965. htm.

王菲菲，2012. 晋京区域合作渐趋多元优化 农业成为亮点 ［N/OL］.
2012-03-13. http：//www. sxzjb. gov. cn/_ d274204440. htm.

王军强，申强，苟天来，2018. 会展农业促进京津冀农业协同发展的机
理分析 ［J］. 农村经济与科技 （2）：167-168.

王磊，李庆国，芦晓春，2017. 聚力供给侧谋篇大棋局 ［N］. 农民日
报，2017-07-24 （1）.

王双进，梁辰，2018. 当前推进京津冀农业协同发展的思考 ［J］. 中国
经贸导刊 （14）：30-31.

王壹，2019. 第三届延怀河谷葡萄文化节在河北开幕 ［N］. 农民日报，
2019-09-16 （6）.

吴宝琴，何雨竹，梁娜，2011. 北京市外埠蔬菜供应链基地建设研
究——以河北省定兴县和张家口市为例 ［J］. 北京农业 （9）：3-6.

吴南清，方凯，2018. 广州市农业展会发展的 SWOT 分析 ［J］. 南方农
村 （1）：10-14.

夏海龙，闫晓明，王有年，2016. 京津冀都市农业协同发展战略研究
［M］. 北京：中国农业出版社.

谢开木，2004. 营销型农业企业及其供应链管理研究 ［D］. 北京：中国
农业大学.

熊大新，2011. 打造首都经济圈，加快推进京津冀晋蒙区域经济协调发
展 ［J］. 北京观察 （9）：6-9.

徐杰，2016. 京津冀会展产业联动发展机制与对策研究 ［D］. 天津：天
津商业大学.

徐峻峰，2018. 京蒙携手谱新篇——京蒙对口帮扶合作的历史、现状与
未来 ［N/OL］. 人民网，2018-06-06. http：//unn. people. com. cn/
n1/2018/0106/c14717-29749214. html.

阎锐，2004. 北京三元集团与张家口实施农业大合作 ［EB/OL］. 人民
网，2004-06-16. http：//unn. people. com. cn/GB/14774/21681/
2575267. html.

杨维凤，2011. 北京市与周边中小城市的区域经济合作研究 ［J］. 城市
发展研究，18 （4）：11-15.

杨学聪，2016. 北京探索京津冀农业协同发展推进机制［N］. 经济日报，2016-08-02（8）.

佚名，2015. 小土豆牵手京冀开启区域协同发展新模式［N/OL］. （2015-07-28）［2020-09-12］. http：//www. xinhuanet. com//world/2015-07/28/c_ 1116069429. htm.

佚名，2016. 京津冀一体化发展的"首农"样本［N/OL］. （2016-10-18）［2020-09-12］. https：//news. ifeng. com/c/7fbcz2stbwE.

佚名，2018. 北京张家口携手共同做大做强马铃薯产业［N/OL］. （2018-04-01）［2020-09-12］ http：//www. vegnet. com. cn/News/1204087. html.

于言良，邢军伟，薛巍，等，2011. 特色产业基地的理论与实践［J］. 党政干部学刊（6）：37-41.

曾诗淇，2015. 共话薯业开启京冀合作新模式［J］. 农产品市场周刊（29）22-25.

张莉侠，林建永，2012. 上海农业发展方向：总部农业［J］. 改革与发展（1）：13-14.

张越，2017. 基于产业生命周期理论的京津冀展览业发展策略研究［D］. 天津：天津商业大学.

赵光剑，2010. 产业梯度转移模式与产业集群转移模式的解读［J］. 现代经济信息（8）：166.

赵红梅，2018. 京津冀农业产业化龙头企业联盟成立［N/OL］. （2018-06-26）［2020-09-12］. https：//www. sohu. com/a/237780553_100194657.

赵华甫，张凤荣，张晋科，等，2007. 浅议北京农业发展空间［J］. 三农问题研究（6）：659-663.

赵黎明，2011. 农业区域合作的有效载体［J］. 北京观察（9）：24-25.

赵晔，2010. 吉林省畜牧局与北京市农业局商洽生猪产销合作事宜［N/OL］. 2010-5-8. http：//spzx. foods1. com/show_ 925658. htm.

朱雪松，于琼，2015. 京津冀三地农民成立联合社［N/OL］. （2015-08-11）［2020-09-12］. http：//www. moa. gov. cn/xw/qg/201903/t20190314_ 6173998. htm.

附录 1　北京市"十三五"时期都市现代农业发展规划

前　言

　　《北京市"十三五"都市现代农业规划》（以下简称《规划》）是北京市国民经济和社会发展第十三个五年规划所属的专项规划之一，是在总体规划纲要指导下的专项规划，具有明显的区域性和专业性。

　　《规划》归纳总结了"十二五"时期北京农业的发展成效，分析了"十三五"时期所面临的机遇与挑战，从农业在首都经济与社会发展中的地位与作用出发，确定发展思路，从结构调整、布局优化、主要任务、重点工程、保障支撑等层面谋划都市现代农业未来五年的发展。通过统筹城乡资源，转变发展方式，深度开发农业多功能，使都市现代农业成为首都鲜活安全农产品供给的基础保障、宜居之都的生态保障，打造农民的家园和市民的乐园，为首都"十三五"时期经济社会科学发展与宜居之都建设提供有力支撑。

　　《规划》的主要依据有：党的十八届三中、四中、五中全会精神，《北京市国民经济和社会发展第十三个五年规划纲要》《京津冀协同发展规划纲要》《北京城市总体规划（2004—2020 年）》《北京市委、市政府关于调结构转方式、发展高效节水农业的意见》（京发〔2014〕16 号）、《北京市"十三五"时期城乡一体化发展规划》《北京市土地利用总体规划（2006—2020 年）》《北京市国家现代农业示范区建设实施方案（2015—2020 年）》（京新农发〔2015〕1 号）。规划期限为 2016—2020 年。

一、背景分析

(一)"十二五"北京农业发展成效

"十二五"时期是北京都市现代农业深入发展的重要阶段,首都农业根据城乡一体化经济社会发展新格局的战略部署,创新发展模式和工作机制,加大政策扶持力度,实施了一批重大工程,取得了重要的阶段性成果,基本形成了业态丰富、功能多样、环境友好、特色鲜明的都市现代农业产业体系和支撑保障体系。

1. 农业生产高端高效特征日趋明显

统筹推进"菜篮子"产业发展,大力发展设施农业,全市设施面积达到了 35.5 万亩,全市设施农业实现收入 55.5 亿元。加快推进养殖业的规模化发展和标准化生产,畜禽规模化养殖比例已达到 80%。扎实推进"种业之都"建设,2014 年全市种业销售额达 117 亿元。沟域经济建设取得新的进展,休闲农业与乡村旅游快速发展,2015 年实现总收入 39.2 亿元。会展农业方兴未艾,成功举办了世界草莓大会、世界种子大会、北京农业嘉年华等具有国内外影响力的农业会展。全面加强动植物疫病防控,稳步提升农产品质量安全水平,生产基地农产品合格率处于全国前列。

2. 农产品供给保障水平保持稳定

在不断提升自身生产发展水平的基础上,强化区域合作,完善农产品供应链条,发展外埠蔬菜基地超过 60 万亩,通过龙头企业建立起一批联系紧密、可控性强的畜禽产品外埠生产基地;畅通鲜活农产品绿色通道,春节期间北京蔬菜日均供应量增加 10% 左右,圆满完成了 APEC 会议、中国人民抗日战争暨世界反法西斯战争胜利 70 周年阅兵、世界田径锦标赛等重大活动的农产品供应保障。全市肉、禽、蛋、奶自给率分别已达到 31%、63%、54%、56%,市场控制率分别已达到 83.3%、69%、67%、79.7%,有力保证了首都农产品市场的有效供应,提升了应急保障水平。

3. 农产品市场竞争力不断增强

农产品加工业形成了"三区统筹发展、两环拓展提升、一带特色添彩"的空间发展格局。全市拥有国家重点龙头企业达到 39 个,涉农上市龙头企业10个，各类农业龙头企业吸纳劳动力就业12万人。形成了一批有影响力的农业品牌，三元食品、德青源鸡蛋、鹏程肉食等品牌知名度不断上升，品牌价值超过1000亿元。农业合作组织发展壮大，全市农民专业合作社达到6744个，辐射带动近3/4的一产农户。

4. 农业生态服务价值持续提升

大力开展农作物秸秆禁烧与综合利用，全市主要农作物秸秆综合利用率达到97.7%。测土配方施肥技术连续5年全覆盖，推广绿色防控技术、推行精准科学施药和病虫害统防统治，亩均化肥用量降幅超过25%，化学农药使用总量降幅超过20%。加快规模化养殖场粪污处理，实施增殖放流涵养水源，开展北运河流域水系农业面源污染防治，2015年全市农业源化学需氧量和氨氮排放总量比2010年减排17%，超额完成了国家"十二五"减排任务。不断强化农业"生产性绿色空间"的定位，2015年北京都市型现代农业生态服务价值年值达到3481亿元，贴现值达到10414亿元。

5. 现代农业支撑能力明显提高

全面实施新农村"三起来"、都市现代农业综合开发等一系列民生工程，打造了113万亩优质产业田、优良生态田和优美景观田，农田节水灌溉率超90%，全市主要农作物耕种收综合机械化水平提高到87.6%。全面实施新农村建设"五+三"工程，实现了村庄全覆盖。深入推进农业科技创新推广体制机制创新，加快农业科技成果转化，研制了世界首个水稻全基因组芯片，主导完成了世界首张西瓜序列图谱，建成世界最大的玉米标准DNA指纹库，京红、京粉和农大节粮型蛋鸡配套系世界销量第一，京科系列玉米品种推广面积占全国玉米种植面积的18%。国家现代农业科技城建设稳步推进。北京市农业科技贡献率超过70%，高出全国平均水平约16个百分点，接近发达国家水平。

（二）"十三五"北京农业发展形势

现阶段，我国经济进入新常态、改革进入深水区，北京的经济社会发展将更加突出疏解非首都功能、治理大城市病，面临更加深刻的结构调整，以突出发展的质量和效益。北京农业发展的内外部环境也因此而发生了深刻变化。

新形势下，北京农业发展在自然资源、市场竞争等方面面临的压力更加明显。农业生产空间不断调减，粮菜占地规模由230万亩减少到150万亩，2万亩畜禽养殖、5万亩渔业、70万亩菜田、80万亩粮田组成的"2578"格局成为未来北京农业的主战场。水资源与环境对农业的约束日益趋紧，社会对农业的负外部性愈加关注。农业的土地使用成本和机会成本、生产资料价格、劳动力成本等都在不断抬升。随着经济全球化进程的加快，国际国内市场全面开放，以及"互联网+"农业的不断发展，北京农业面临的市场竞争将愈加激烈。

但综合来看，北京都市现代农业发展依然大有可为。一是京津冀协同发展提供广阔空间，统筹资源、优化布局、对接产业，可以实现三地农业的优势互补、互利共赢。二是北京四中心定位中关于"科技创新中心"的定位，为科技创新驱动都市现代农业发展创造了有利条件。三是信息技术的发展为农业转型升级开辟了新途径，"互联网+"必将成为改造传统农业、促进集约化经营、提高农业生产经营效率的重要手段。产业融合拓展了北京农业的外延与内涵，成为农业产业发展的新趋势及农村经济增长的新动力。

这些机遇和挑战将是当前和今后一个时期北京都市现代农业发展的新常态。"十三五"期间，北京都市现代农业仍然是首都鲜活安全农产品供给的基础保障，是首都生态屏障的重要组成，是首都和谐宜居的基础支撑，是农民的家园和市民的乐园。这就要求北京在"十二五"时期全面开发农业功能的基础上，在"十三五"时期，北京的农业要向着设计更精细、形态更高端、功能更多元的方向发展，以建设国家现代农业示范区为契机，培育农业新的发展主体、转变发展方式、调整产业结构、创新发展动力，实现北京都市现代农业又好又快的发展。

二、基本思路

（一）指导思想

深入贯彻落实党的十八大以及十八届三中、四中、五中全会和习近平总书记系列重要讲话精神，紧紧围绕"创新、协调、绿色、开放、共享"的发展理念和首都功能定位，强化农业生态、生活、生产、示范四大功能，以发展北京都市现代农业为方向，按照高科技、高辐射、高效益、生态环保、质量安全、集约节约的发展要求，着力构建与首都功能定位相一致、与二三产业发展相融合、与京津冀协同发展相衔接的农业产业结构，打造生态环境友好、产业产品高端、田园乡村秀美、管理服务精细、城市郊区共融的都市农业"升级版"，为建设国际一流的和谐宜居之都提供有力支撑和坚实保障。

（二）基本原则

绿色发展、生态优先：坚持绿色发展理念，立足资源可承载能力、环境可容纳能力，围绕水土资源去库存、农业投入品降成本、生态建设补短板，突出强化农业的生态功能。发挥农业正外部性，发展节水农业、生态农业和循环农业，推进节水、节肥、节药等资源节约型、环境友好型农业发展，推动农业降成本。减少农业负外部性，强化农业面源污染防治，促进农业废弃物资源化利用和农业节能减排。丰富首都市民生活，为和谐宜居之都建设提供有效支撑。

协调发展、打造高端：坚持协调发展理念，立足首都优势和市场需求，做优做精籽种农业、观光农业、设施农业、农产品流通服务业等重点产业，打造都市现代农业高精尖产业和安全农产品品牌；瞄准市场更加多元、更高层次需求，深化农业结构调整，推进农业供给侧结构性改革，使首都农产品生产与首都市场的需求相适应，保障首都农产品高品质、多元化有效供给。积极发展"互联网+"农业，走集约化、生态化、精致化、融合化、信息化之路，加快推进一二三产融合，促进农业集群化发展，不断提高农业生产效率和市场竞争力，打造农业发展新增长点。

开放发展、引领津冀：坚持开放发展理念，按照国家京津冀协同发展战略部署，积极引导部分产能向津冀转移。拓展首都农业发展空间，形成多层次、开放互补型的域内外产业结构。推进京津冀技术推广、品种认定、质量安全监管、屠宰检疫、动植物疫情防控等方面协同合作发展。发挥北京科技资源多、发展水平高、市场潜力大、消费能力强等优势，利用津冀的广阔发展空间，推进产业、市场、科技、生态协同发展，推动生产要素合理流动与资源高效利用，为区域一体化发展提供基础支撑。

共享发展、服务首都：坚持共享发展理念，充分发挥北京都市现代农业示范功能，在发展理念、政策机制、科学技术等方面，引领全国都市农业发展，与全国共享北京农业的发展经验与机制。丰富都市现代农业发展内涵，让农业不仅为从业农民增收服务，也为市民需求服务，围绕城市宜居和精神文化需求，统筹城乡，延伸农业的服务面，让农业进城，让市民下乡，共享都市现代农业发展成果。

创新发展、示范全国：坚持创新发展理念，瞄准北京"科技创新中心"的定位，抢占农业科技制高点，打造国家现代农业发展的样板区和农业科技创新的引领区，加快设施农业、质量安全、种业、农业废弃物综合利用、物联网信息化等方面技术创新。围绕要素配置、经营主体培育、适度规模化经营、农业支持保护、社会化服务等开展模式和机制创新，实现产业提质增效和绿色安全，示范辐射全国都市现代农业发展。

（三）总体目标

按照三高并举（高端、高效、高辐射）、三产融合（第一、第二、第三产业）、三生共赢（生态、生产、生活）、四化同步（工业化、信息化、城镇化、农业现代化）的理念，全面推进国家现代农业示范区建设。到2020年，土地产出率、劳动生产率、资源利用率国内领先，农业的多功能广泛拓展，农业发展方式有效转变，一二三产深度融合，现代农业的核心竞争能力、服务城乡能力、生态涵养能力显著提升，使北京成为全国都市农业引领区、国家现代农业示范区、高效节水农业样板区、京津冀协同发展先行区，率先在全国全面实现农业现代化。

（四）具体目标

全面提升"菜篮子"保障水平：本市蔬菜供应能力稳步提升，菜田面积达到70万亩，禽蛋、鲜奶供应保持稳定。外埠供应能力明显提高，到2020年河北供应北京的蔬菜提高5个百分点以上，肉蛋奶提高10个百分点以上，水产品提高3个百分点以上。

全面提升农业生态建设水平：化肥、化学农药施用量实现负增长，农用化肥和化学农药利用率分别提高到40%和45%；规模养殖场畜禽粪便污水处理利用率力争达到100%，农膜回收率达95%以上，农作物秸秆全部综合利用，水生生物养护实现水域全覆盖，农业生态系统服务价值提高10%

以上。

全面提升农业生活服务水平：将农业生产空间打造成优质产业田、优良生态田、优美景观田，山水林田路生态格局初步形成，农业多功能得到深度挖掘与拓展，一二三产深度融合，休闲观光农业年收入达到 50 亿元。

全面提升现代种业发展水平：围绕农作物、畜禽、水产、林果四大种业，打造全国种业创新研发中心和交流交易中心，种业年销售额达到 150 亿元以上。

全面提升农业节水水平：农业年用新水减少到 5 亿立方米左右，农业灌溉水利用系数提高到 0.75，农田有效灌溉面积达到 95% 以上，水资源利用率提高 15% 以上，达到国际先进水平。

全面提升基础设施与装备水平：农田水利设施基本配套，高标准农田面积比重达到 60% 以上，节水灌溉比例达到 95% 以上，主要农作物耕种收综合机械化水平达到 90% 以上；设施生产机械化、智能化、信息化水平明显提高。

全面提升农业经营管理水平：农民组织化程度和规模化经营水平显著提高，其中农户参加合作社比重达到 75%；提高规模化经营水平，土地适度规模经营比重达到 70%；畜禽规模化养殖比重达到 85%；农产品加工业产值与农业总产值之比达到 3.5：1；农村居民年人均可支配收入达到 30000 元。

全面提升农业科技服务水平：农业科技创新能力、新型产业培育能力和社会化服务能力显著提升，"互联网+"农业得到广泛应用。打造成京津冀地区的"农业科技创新高地"和"农业信息化应用高地"。到 2020 年，北京农业科技贡献率达到 75%，土地产出率达到 3125 元/亩，劳动生产率达到 6 万元/人，农业用水效益达到 50 元/立方米。

全面提升农业安全生产水平：全市"三品"认证农产品产量比重提高到 60%，农产品安全生产与质量监管水平显著提升，确保不发生重大质量安全事件；动植物疫病防控实现联防联控，提升应急与处置能力，确保不发生重大疫情与病害；农业生产环节安全监管与农业执法能力建设得到进一步加强；基本实现农产品优质优价。

全面提升京津冀协同发展水平：强化三地区域合作与机制创新，统筹生产保供给，联防联控保安全，互动协作保生态。实现产业协同、科技协同、生态协同、安全协同与信息协同，形成各具特色、布局合理、产销衔接、产业融合水平较高的京津冀农业发展格局。

"十三五"时期北京都市现代农业发展核心指标

指　标	2015 年	2020 年	增幅
农村居民人均可支配收入（元）	20569	30000	45.9%
农业生态服务价值（亿元）	10414	11455	10.0%
种业销售额（亿元）	117	150	28.2%
休闲农业收入（亿元）	39.2	50.4	28.6%
菜田面积（万亩）	65	70	7%
土地产出率（元/亩）	2080	3120	50%
劳动生产率（万元/人）	2.9	6.0	107%
高标准农田面积比重（%）	60	75	15 个百分点
主要农作物耕种收综合机械化水平（%）	87.6	90	2.4 个百分点
"三品"认证农产品产量比重（%）	37.2	60	22.8 个百分点
农业用新水量（亿立方米）	6.45	5	−29%
灌溉水利用系数	0.71	0.75	5%
化肥利用率（%）	29.8	40	10.2 个百分点
农药利用率（%）	39.8	45	5.2 个百分点
农作物秸秆综合利用率（%）	97.7	100	2.3 个百分点
农业科技贡献率（%）	70	75	5 个百分点
农户参加合作社比重（%）	55	75	20 个百分点

三、产业结构与布局

（一）产业结构调整

按照"调粮、保菜、做精畜牧水产业"的总体要求，推进农业产业结构调整，努力"调出高效益、调出可持续、调出新机制"。

1. 种植业

以地下水严重超采区为重点，减少商品粮田与高耗水作物种植面积。粮经产业重点打造"三块田"（籽种田、景观田、旱作田），着力提升综合生产能力、生态服务能力和景观服务能力。平原区以节水、高效、种养结合为目标，着力发展小麦玉米籽种、饲草、大田景观等作物种植；半山区以调整优化产业结构为目标，着力发展玉米、杂粮等特色经济作物种植；山区以推进沟域景观化为目标，着力发展生态作物和景观作物种植。蔬菜产业重点打造"三类园"（规模化蔬菜专业镇、特色蔬菜专业村、园艺化蔬菜生产园），着力发展具有北京地域特色、高附加值或不耐长途运输的蔬菜生产，资源利用率低的蔬菜生产方式逐步退出；城市周边建设以休闲为主的现代都市蔬菜体验展示区；南部的大兴、房山等区形成以冬淡季设施蔬菜生产为主的京郊蔬菜主导产区；北部的延庆、怀柔、密云、昌平和门头沟等区重点发展喜冷凉蔬菜，将其建设成北京市夏淡季蔬菜供应生产区；通州、顺义、平谷3个区强化蔬菜品牌培育和深加工，形成北京市特色、精品、高档蔬菜产品优势区。科学划定80万亩粮田、70万亩菜田与100万亩果园生产空间。扶持黑龙江首农双河农场的发展，为北京市民的"菜篮子""米袋子"提供更多的优质安全农产品。

2. 畜牧业

建立无害化、规模化生产体系、繁育体系和屠宰加工体系，重点发展"三个场"（良种场、养殖场和屠宰场）。科学划定畜禽禁养区，不再新建和扩建畜禽养殖场，逐步扩大规模化养殖比重，其中生猪的规模化养殖比重由目前的75%上升至90%，家禽和奶牛达90%以上。生猪出栏调减100万头左右，肉禽出栏调减2500万只左右，奶牛存栏调减2万头，稳定蛋鸡存栏1700万只。

3. 渔业

根据"以水定产"的原则，扩大生态净水面积，优化品种结构；鼓励有实力的企业、个人，将养殖场向津冀等水资源相对充足的地区转移。以池塘改造、温室循环和工厂化养殖为主，重点发展"三条鱼"（籽种鱼、休闲鱼、精品鱼）。降低草鱼、鲤鱼养殖面积，扩大观赏鱼和籽种鱼比例；加快发展远洋捕捞渔业。到2020年全市渔业养殖水面稳定在5万亩左右。

4. 林果业

优化"八带、百群、千园"布局，将100万亩鲜果园划定、上图、入库。大力开展高效节水果园建设，实施低效果园更新改造；探索果园土地经营权流转方式，创新企业、社会、农民投入为主体的经营模式，建立现代果品经营体系。强化现代化果树管理技术创新与推广应用，促进果树产业规模化、集约化、现代化发展,提升北京果品产业整体水平。

(二)总体布局

根据土地适宜性、资源禀赋和市场需求,按照调结构、转方式,发展高效节水农业的要求,优化产业布局,形成"一核"带动、"五区"互动、协同发展的格局。

1. "一核"

"一核"是指北京市现代农业示范区核心区,位于顺义区和通州区。顺义区将重点打造成北京市重要的农副产品生产基地、农业高新技术产业集成与智能装备综合展示区。通州区将重点打造成中国种业硅谷、北京农业科技总引擎、北京新兴农业孵化器以及城乡一体化试验区。

2. "五区"

城市创意休闲农业区:包括东城、西城、石景山、朝阳、海淀、丰台城乡接合部和新城的周边地区,重点发展农业高新技术研发、总部经济、景观农业、创意农业、农产品流通业、农业主题公园和休闲观光农业,打造农产品展示交流交易平台,并为农业提供科技支撑和金融、保险等社会化服务,发挥城市农业的基本功能。

平原高效精品农业区:包括顺义、大兴、通州,以及房山、平谷、昌平的平原地区,以绿色、无公害农产品生产为重点,发展高效节水农业、籽种产业、设施农业和农产品加工物流产业,打造一批优质、高端、有机农产品生产基地,保障本市"菜篮子"的有效供给和应急供应。

山地生态服务农业区:包括房山、门头沟、昌平、怀柔、延庆、密云、平谷的山区和浅山区,以绿色、有机农业为重点,发展特色农业、健康养殖产业。深山区以生态涵养为主,着重发展循环农业、低碳农业、有机农业和沟域经济,拓展农业功能,服务城区市民休闲需求。

京津冀农业协同发展区:包括天津市和河北省廊坊市、承德市、唐山市、保定市、沧州市等区域的26个区县。以实施京津冀农业合作项目为重点,共建一批环京津的肉、蛋、菜、奶"菜篮子"产业基地,与首都"菜篮子"产品销售网络相对接,形成首都农产品外埠供应基地网络。

环京津高效生态农业区:除京津冀农业协同发展区外的河北省其他区域,包括146个县(市、区)。该区域将突出高产高效、加工物流、生态涵养三大功能，以疏解首都非核心功能为契机，大力建设冀中南粮菜生产基地、冀东北农产品加工与物流基地、冀西北生态安全绿色屏障。

四、主要任务

加快农业供给侧结构性改革，强化以水定产、以市场需求定产、以环境承载力定产，深化农业结构调整，调粮保菜，控制农业发展增量；优化产业结构、产品结构和生产力布局，做精做优存量；加快推进农业京津冀务实合作，加快提升发展变量。

（一）建立健全都市现代农业产业体系

全面推进农业瘦身健体、提质增效、转型升级。以"菜篮子"产业、现代种业、休闲农业、农业高新技术产业等为核心，建立健全都市现代农业产业体系。实施新一轮"菜篮子"工程，加强京内外菜篮子基地建设，稳步推进环京津一小时鲜活农产品物流圈建设。积极推进现代种业发展，重点围绕农作物、畜禽、水产和林果花卉四大种业，构建以产业为主导、以企业为主体、产学研相结合、育繁推一体化的现代种业体系，加快建设"种业之都"。大力发展高新技术产业，重点发展生物农业、"互联网+农业""文化创意+农业"、农业高端装备产业等新型产业，推进一二三产业深度融合。积极培育龙头企业与农产品品牌，扶持一批具有上市潜力的龙头企业走向资本市场，扩大市场影响力，培育一批高端、优质、安全的农产品品牌，提升品牌知名度；带动一批从事农村生产、加工、服务业的农户，促进农民增收。

（二）建立健全都市现代农业生态保护体系

立足环境承载能力和资源约束，加快转变农业生产方式。大力发展节水农业，重点推进工程节水、结构节水、农艺节水及管理节水，建立高效的农业综合节水体系。加快发展生态农业、循环农业，全面推进农业面源污染防治和农业废弃物资源综合利用，鼓励农牧结合，实现种养联动。推进沟域经济与景观农业建设，重点发展文化创意、旅游度假、休闲养生等高端产业，促进沟域经济集群发展、品牌发展、融合发展。深化京津冀农业生态建设合作,在生态农业园区创建、农业清洁生产、病虫害统防统治、秸秆禁烧、增殖放流、水生野生动物保护等方面展开广泛合作,逐步实现京津冀生态农业建设的一体化、长期化。

(三) 建立健全都市现代农业生产经营体系

加快培育家庭农场、专业大户、农民合作社、农业产业化龙头企业等新型农业经营主体,构建符合首都实际和发展阶段的立体式、复合型现代农业经营体系。推动土地经营权规范、有序流转,发展多种形式的适度规模经营。加强农民合作社规范化建设,构建农户、合作社、企业之间互利共赢的合作模式,让农民更多分享产业链增值收益。培育壮大农业龙头企业,鼓励社会资本投资适合企业化经营的现代种养业,并与农户建立紧密型利益联结机制。建立健全现代农产品营销体系,加快实现农产品交易方式的多元化和现代化,降低农产品流通环节成本,全力促进农产品优质优价。

(四) 建立健全都市现代农业服务体系

围绕都市现代农业主导产业,进一步发展形成市、区、乡镇、村纵向到底,产前、产中、产后服务横向到边的便捷高效服务网络。完善农业技术推广服务体系,形成市、区、乡镇、村四级农技推广全覆盖服务网络。完善农机服务体系建设,围绕农业结构调整,加快推进全程、全面机械化进程,大力推进农机农艺融合、农机化信息化融合。完善农业信息化服务体系,提升都市现代农业智能化水平和城乡信息服务均等化水平。建立农村金融服务体系,通过政策性金融、合作性金融、商业性金融相结合,建立现代农村金融制度。

(五) 建立健全都市现代农业安全保障体系

加强农产品质量安全监管体系建设,强化农产品质量安全检验检测和对农产品生产主体的监管,提升农业生产主体质量安全源头控制能力,大力推进农业标准化生产,实施农产品质量追溯制度,深化"三品"认证,提升农产品质量安全水平。完善动植物疫病防控体系,提升动植物疫病预防控制、检疫、疫情应急处置、外来物种入侵防范等方面的能力,提高执业兽医、动物诊疗、兽药饲料行业等社会化服务的水平。拓展农业保险的深度和广度，建立覆盖农村生产、生活、生态各领域的农业保险体系。

（六）建立健全都市现代农业科技支撑体系

瞄准北京"科技创新中心"的定位，深化北京国家现代农业科技城建设，抢占农业科技制高点。加强现代农业产业技术体系北京市创新团队建设，将科技资源优势转化成产业发展优势。加快推进现代农业重大关键技术研究与成果转化，加大农业生物技术、信息技术和环境友好技术等高新技术领域的研发力度，带动现代种业、食品安全与物联网等产业发展。发挥首都科技资源优势，加强京津冀三地农业关键技术联合研发与应用，开展协同创新，全面提升三地农业科技研发与支撑水平。加强农业国际交流合作，引进消化吸收优良种质、先进技术、现代装备和发展理念，丰富首都农业科技资源。

五、重点工程

（一）新一轮"菜篮子"建设工程

1. 实施新一轮"菜篮子"工程

新发展菜田 10 万亩左右，使本地蔬菜种植占地面积达到 70 万亩；按照规模化发展、园区化建设、标准化生产的要求，加快发展高标准设施农业与北部山区露地菜田，建设一批园艺化蔬菜标准示范园和集约化蔬菜育苗场；建设一批有机果园，改造提升低产低效果园；着力禁养区调减疏解和限养区改造提升，对现有规模化畜禽养殖场与屠宰场实施标准化改造提升，逐步取消散养，扩大规模化养殖比重至 90%。实施老旧池塘标准化改造，发展渔业循环健康养殖，切实提高本市鲜活农产品日常供应能力、应急保障能力、市场竞争能力。

2. 建设环京津鲜活农产品基地

鼓励涉农企业在周边地区加快建设紧密型蔬菜生产基地，做好重点时期（夏淡季、冬淡季）首都市场蔬菜保障供应。每年在周边地区扶持 4 万亩（2 万亩外埠、2 万亩京张合作）蔬菜生产基地建设，到 2020 年，建设面积达到 20 万亩左右,年供京蔬菜达到 3.6 亿千克左右,供京蔬菜占比提高 5 个百分点以上。建立紧密型的肉、蛋、奶生产外埠基地和屠宰场。积极鼓励和引导本市养殖龙头企业与津冀开展有效对接互补,以顺鑫集团、二商集团、首农集团等龙头企业为主体,重点向河北省中南部平原区转移生猪、奶牛标准化规模养殖业态;以首农集团等龙头企业为主体,重点向河北省北部山区半山区转移肉禽标准化规模养殖业态。鼓励支持大型屠宰加工企业在津冀建设新厂、分厂或将产业由北京向津冀转移;进一步规范进京屠宰的活畜禽准入和退出机制,计划到 2020 年,每年建设畜牧业外埠基地 10 个,河北供应北京的肉蛋奶占比提高 15 个百分点以上,津冀两地供京屠宰的活畜禽占比提高 5%。鼓励北京水产企业在津冀地区发展冷水鱼养殖,建立优质鱼产品养殖基地,鼓励津冀大型水产养殖企业在京建立直营店、直销点和专柜,共同建设水产品农超对接基地,实现水产品供应提高 3 个百分点以上。

(二) 生态农业建设工程

大力开展农业面源污染治理,推动生态循环农业发展,不断提高农业减源增汇水平。到 2020 年,畜禽养殖粪污基本实现资源化利用,科学平衡施肥全面覆盖,绿色植保防控技术覆盖范围显著提升,农作物秸秆全部综合利用,逐步推进京津冀三地农业生态一体化发展。

1. 加强耕地建设与保护

落实最严格耕地保护制度,加快划定永久基本农田,确保"两田一园"落地到户、上图入库、信息共享。落实最严格耕地保护政策,加大力度改造中低产田,完善耕地保护补偿机制。实施耕地质量保护与提升行动,开展退化耕地综合治理、污染耕地阻控修复、土壤肥力保护提升、耕地质量监测等建设。研究和推行种养结合、"三生结合"型的绿肥种植技术模式,重视绿色培肥、生态培肥。加强耕地质量的动态精准监测,实现对全市耕地质量退化障碍问题的空间定位预警,构建预警体系和制度。

2. 防治农业面源污染

在化肥减量方面,继续开展测土配方施肥,推广水肥一体化技术和精准施肥技术,增施有机肥,加快高效缓释肥、水溶性肥料、生物肥料、土壤调理剂等新型肥料的应用,全市耕地化肥用量(折纯量)减少到 28 千克/亩以下,化肥利用率达到40%。在化学农药减施方面,逐步淘汰剧毒高毒农药,大力推进生物防治、促进专业化统防统治与绿色防控融合,全市主要农作物病虫害专业化统防统治覆盖率达到40%、绿色防控覆盖率达到60%,化学农药利用率达到45%,生态涵养发展区全部施用环境友好型农药;全面推广使用厚度在0.01毫米以上地膜,示范推广全生物可降解地膜,开展农田废弃农膜和农业包装物的回收处理,减少农膜残留对环境的污染,农膜回收率达95%以上,农田景观持续改善。在清洁空气方面,继续实施农作物秸秆全面禁烧,通过肥料化、基料化推进农作物秸秆全部综合利用。

3. 发展循环农业

大力推广多种作物轮作、套作、间作,有序实现耕地休养生息;发展以林下种植、林下养殖、采集加工等为主要内容的林下经济。积极推广生态环保型养殖模式,实施规模化养殖场粪污治理环保专项工程,实现粪污治理全覆盖。以沼气和食用菌为纽带,建立循环生态系统,鼓励农牧结合,实现种养联动。实施水生生物增殖与养护,发展鱼菜共生等生态循环养殖模式,全市增殖放流和生物养护的水域实现全覆盖,每年投放各种鱼类2000万尾,实现"鱼肥水净景更美"。

4. 发展休闲观光农业

以优美农田、沟域经济、水岸经济、农业公园、城市农业建设为抓手,大幅度提升观光休闲农业产业发展水平,建设一批集聚连片的休闲农业示范区,打造一批基础设施完善、景观优美、文化主题突出的休闲观光农业园,辐射带动150万亩农田景观建设,基本形成三季有景、四季覆盖。发展校园农业、屋顶农业、社区农业、阳台农业等城市农业业态。开展有特色、有创意的农事节庆活动,丰富乡村文化艺术生活;创新农耕体验活动,充分展示地方文化和民俗风情,带动农业文化消费。拓展京津冀市民的休闲观光半径,以北京为中心,沿沟域向外辐射,形成房山十渡—野三坡、怀柔白桦谷—丰宁、密云雾灵香谷—兴隆、平谷黄松峪—河北兴隆县—天津蓟州区等沟域景观。继续办好北京农业嘉年华,利用2016年世界月季洲际大会、2019年世界园艺博览会、2020年世界休闲大会等机遇,带动周边休闲农业和民俗旅游发展。

5. 推动京津冀生态协同发展

在秸秆综合利用、畜禽粪污综合利用、有机肥生产、病虫害统防统治等领域开展技术交流与合作，针对京津冀范围内的面源污染防控，联合推广一批节肥、节药新技术，做好协同防控、协同治理；开展生态农业领域联合执法，实现信息互通，联防联治；建立京津冀重要水域水生生物资源保护和增殖放流协调机制，重点在潮河、白河、拒马河流域和官厅水库与河北共同进行水生生物增殖与养护（包括濒危物种）。

6. 开展农业文化遗产保护

开展北京农业文化遗产资源普查和本市重要农业文化遗产认定工作。研究编制《北京市农业文化遗产保护规划纲要（2016—2020）》。积极申报中国和全球重要农业文化遗产，积极争取全球重要农业文化遗产展示平台落户北京。加大宣传推介力度，提升社会关注度、认可度和参与度，促进北京农耕文明的传承。

（三）种业之都建设工程

紧紧围绕中国现代种业创新中心与世界种业服务中心两个基本定位，加快种业体制改革，强化种业创新能力建设，构建商业化育种体系，不断优化种业管理服务，推动北京国家现代种业示范区建设。

1. 提升种业产业能力

支持科研院所和高等院校开展种业基础性公益性研究，构建以企业为主体的商业化育种体系，不断提升种业研发创新能力和市场竞争能力。育成一批主要粮食作物和重要经济作物新品种，培育年推广面积超过千万亩的主要农作物新品种2~3个，百万亩品种数10个以上，万亩以上蔬菜新品种百个以上；培育2~3个畜禽新品种（配套系），建设5座具有国内先进水平的畜禽良种产业科技示范园，改造提升有基础的规模种畜禽场；开展鲟鳇鱼、金鱼优良新品种保种与选育，培育优势水产种苗品系2~3个，改造提升渔业种苗繁育基地，开展优势特色鱼种产业化推广；支持乡土节水林木树种筛选研究，提升苹果、梨、桃等十大果品树种选育中心，开展花卉优势品种研发示范与引进推广。

2. 打造种业服务创新平台

支持种业企业和科研单位建立公共育种研发平台，建立先进育种技术支撑的现代化育种技术体系；加快种业物联网与信息化平台建设，创新"互联网+种业交易"商业模式，探索品种权新型交易方式与途径，完善通州林木种苗交易市场；建设畜禽种质检验测试中心，开展种猪、奶牛、种禽、精液和胚胎等遗传物质的测定实验工作；建设宫廷金鱼、鲟鱼种质鉴定中心、建立种质资源库和种质标准体系，加强设施设备购置，提升水产良种选育和苗种质量。

3. 开展种质资源保护管理

开展种质资源普查、搜集和保护，建立农作物种子资源和畜禽种质资源共享平台，改造升级农作物和畜禽种质资源基因库；建立重点保护树种的林木种质资源保育基地，开展鲜切花、开花植物等五大类展示花卉种子资源的筛选、储备和生产示范；推进北京油鸡、北京鸭、北京黑猪、"北方王字虎头"为代表的宫廷金鱼等地方特色品种保护和开发利用，挖掘地方品种的历史文化价值。

4. 优化种业发展综合环境

制定扶持种业龙头企业发展融资等相关政策，建立企业信用星级评价制度；健全"1+4"种子管理体系，完善品种试验展示基地；提升种子质量监督检测技术水平，加强种子执法装备，提升种业执法能力；开展种畜禽疫病净化，加强执法监督力度，提升畜禽良种产业发展环境；完善企业诚信评价制度，提高行业标准和准入门槛，创造合理有序的市场竞争环境。

5. 统筹优化种业区域布局

建立跨省主要农作物新品种审定和展示机制，进一步完善非主要农作物登记互认制度；开展联合攻关，示范一批适宜京津冀的主要粮菜作物品种，2017年示范面积达到100万亩，2020年达到500万亩。建立京津冀农作物种子质量监管体系，构建京津冀林果花卉种业创新服务联合体，引进、选育和培育一批都市生态型林果花卉新品种；开展京津冀畜禽种业、水产种业外埠基地建设，建立京津冀一体化种业协同发展机制。

（四）农产品优质优价推进工程

以发展多种形式农业适度规模经营为核心，加快推进农业供给侧结构性改革，推动一二三产融合发展，培育首都农产品品牌，延长农业产业链条，增加农业附加值，积极推进农产品优质优价。

1. 推动农业适度规模经营

推进以家庭农场、专业大户、农民合作社、农业产业化龙头企业等为主的适度规模经营，开展适度规模经营试点。完善财税、信贷保险、用地用电、项目支持等政策，撬动规模化经营主体增加生产性投入。支持多种类型的新型农业服务主体开展代耕代种、联耕联种、土地托管等专业化规模化服务。充分发挥多种形式适度规模经营在农业机械和科技成果应用、绿色发展、市场开拓等方面的引领功能。完善工商资本租赁农地准入、监管和风险防范机制。

2. 继续推进农业产业化

推动 "龙头企业+专业合作组织+农户" 的产业化发展模式，鼓励龙头企业与本市基地和农户建立稳定的利益统一体。加强对农业产业化龙头企业的引导和扶持，以打造一批领军人才、扶持一批上市龙头企业、发展一批示范基地、培育一批优质品牌、带动一批农户增收为目标，重点打造一批年销售收入超过 100 亿元的领军龙头企业，提高龙头企业整体带动水平；扶持一批具有上市潜力的龙头企业走向资本市场，扩大市场影响力；发展一批农业产业化示范基地，增强集聚效应。引导和鼓励农业产业化龙头企业加强 "一带一路" 沿线国家农业领域的合作，既 "走出去" 又 "引进来"，构建本市都市现代农业海外发展空间。

3. 提升首都农产品品牌

按照 "都市引导、区域特色、错位竞争、功能拓展" 的思路，大力发展唯一性特色农产品，打造培育一批高端、优质、安全的农产品品牌，提升品牌知名度。推进北京自主品牌建设，申报和推介驰名商标、名牌产品、著名商标、原产地标记、农产品地理标志等，有针对性地培育农产品驰（著）名商标和老字号企业，积极协调北京名牌产品进入中国驰名商标和北京市著名商标评审目录，支持龙头企业申请国际注册商标。

4. 推进农产品现代流通业稳步发展

大力发展农产品储藏业、运输业、销售业，利用商业流通资源和 "互联网+" 服务于农产品市场开拓，发展农产品超市经营、连锁配送等现代流通业。支持龙头企业、农民专业合作组织等直接为城区超市、社区菜市场、便利店和农产品电子商务企业配送农产品，缩短产后环节。支持开展展会、展销等各类对接活动，强化产销信息对接服务，扶持建立京郊农产品展示体验点。扶持农产品电子商务发展，实现专业大户、家庭农场、农民合作社、农业产业化龙头企业等新型农业生产经营主体产品资源与电商、渠道商等新型互联网企业销售订单的实时对接，降低流通成本，实现农产品优质优价。

（五）现代安全农业建设工程

确保农产品质量安全与动植物防疫安全，重点提升农业生产主体的质量安全保障能力，打造一流的北京安全农业品牌，持续提升我市生物安全水平及防范外部疫情的能力，加强京津冀三地在农产品质量安全监管、动植物疫情防控等方面的互联互通与合作。

1. 加强农产品质量安全，全面提升农产品质量安全保障能力

一是实施"长矛工程"，强化监管体系和执法体系的建设；二是实施"盾牌工程"，大力推进标准化生产、"三品一标"认证、检测体系建设、质量安全检测与检打联动工作；三是实施"清洁工程"，强化农业投入品与产地环境管理；四是实施"品牌工程"，加强大型产业化龙头企业的质量安全控制，树立本市安全品牌；五是实施"信用工程"，完善监管信息系统，统筹利用监管信息，强化生产主体信用体系建设；六是实施"长臂管控工程"，加强本市生产主体外埠生产基地进京农产品质量安全的管理，督促其严格实行农业投入品安全使用、农产品生产记录、包装标识等制度，全面推进农产品质量安全追溯管理。推进京津冀农产品质量安全监管协作，确保本市农产品质量安全。

2. 强化动植物疫病防控

贯彻落实国家和本市中长期动物疫病防治规划，建立健全早期预警、预防控制、检测检疫、应急处置和长效机制，开展兽医公共卫生宣传教育行动，重大动物疫病、人畜共患传染病、种畜禽重点疫病等防治工作达到国家考核标准，构筑首都动物防疫安全屏障；建立覆盖城乡的病死动物无害化收集处理体系，构建科学完备、运转高效、可持续运行的病死动物无害化处理机制。全面推动完成各区重大动植物疫情应急机构和队伍建设，强化联防联动，切实做好应急预案、应急物资储备、做好隐患排查与预警分析研判，对重大动植物疫情应急防控和积极应对。建立健全动物防疫体系，提高动物疫病预防控制和检验检测水平；加快农作物病虫害远程视频会诊和农药管理，加强农药检验检测体系建设，加大植物疫情监测点运行管理。确保本市不发生区域性重大动植物疫情。

3. 推进京津冀农业安全合作

努力推进统一标准化体系和检测结果互认,共享各类检测资源。完善区域农产品质量安全监管体系,加强对外埠进京农产品的检测,加强三地检测技术交流。创新风险预警和监测合作机制,建立农产品质量安全预警预报合作机制与安全风险预警会商制度。建立农产品质量安全信息共享平台,实现三地农产品质量安全检测信息的共享与交流。切实做好区域间重大动植物疫病联防联控,逐步实现京津冀动物防疫一体化,积极构建植物疫情及重大农业有害生物联防联控的工作机制,保障北京乃至区域内不发生重大动物疫情和重大动物产品质量安全事件。三地水产养殖场与水生野生动植物经营利用、自然水域水生生物资源保护信息实现共享,推动渔业协同发展。

(六)"互联网+"农业建设工程

围绕农业生产、经营、管理、服务等环节,应用大数据、云平台、物联网、移动终端等互联网技术工具,使互联网成为服务农业全产业链的重要手段。

1. 推进智慧农业建设

以互联网为纽带,以物联网技术做依托,以大田、设施蔬菜标准园、农业生态园、规模化养殖场、农机智能装备等农业重点产业为应用对象,实现农业生产方式的精细化、精准化,用"数字"指导生产,转变农业生产方式,强化农业科技和装备支撑。提高物联网和互联网技术对农业生产、畜禽养殖、水产养殖、农业机械化的服务支撑,重点打造感知和控制体系建设。实现智能节水、生产环境精准调控、远程控制、质量安全全程监管、疫病防控等。做好农业产业相关数据的采集、研究,建设北京农业数据中心。

2. 积极引导和支持农产品电子商务

鼓励互联网企业建立基于移动互联的新型营销平台,推进农产品生产流通销售方式变革,开展"一村一品一电商"创建工作,实现农业生产与新型互联网企业销售的提前对接,缩短农副产品生产到流通领域的经济价值链。

3. 加强农产品市场监测预警

从农产品"生产—产地—批发—零售"等全链条布局,开展农产品产销综合信息的采集，实现农产品市场信息采集格式、内容、名称、数量、单位的统一标准；构建符合北京市场的农产品价格预测和预警系统；构建全市权威的农产品市场监测预警信息发布平台，通过互联网使相对分散的农业小生产对接国内、国际大流通、大市场。

4. 强化农业信息服务

借助互联网、云、大数据等先进的信息技术，实现各类数据跨行业、跨专业、跨业务的采集、汇聚、加工、分析和数据可视化，通过互联网及时推送给用户端，更好引导现代农业生产经营活动。构建全市农业信息资源共建共享模式，建设全市联动的12316信息服务体系。强化信息进村入户服务，实现城乡信息服务同质化。鼓励休闲农业合作社、龙头企业、经营大户与电商平台合作，提升在线展示、网上交易、信息发布、咨询投诉等服务能力。

5. 京津冀"互联网+"协同发展

建设京津冀农业信息协同平台，提供统一标准的软件工具、统一口径的市场信息、统一队伍的科技资讯服务、统一编码的质量安全追溯，为京津冀大区域的农业生产结构调整、农产品市场监测预警等工作提供数据支撑，促进三地农业信息化协同发展。

（七）高效农业节水工程

按照"地下水管起来，雨洪水蓄起来，再生水用起来"的原则，降低农业用新水量，提高农业用水效率。

1. 实施工程设施节水

按照先建机制后建工程，缺什么补什么的原则，新建、改建节水灌溉基础设施，大力推广微灌、喷灌等节水技术，推进农业用水计量管理，到2020年，实现250万亩农业生产空间节水灌溉设施全覆盖。

2. 推进结构调整节水

通过调减高耗水农作物及种植方式的转变，实现结构节水。粮经产业着重发展旱作农业，水生蔬菜基本退出。在地下水严重超采区和重要水源保护区内，除已建成的规模化的万亩示范区、高标准高产示范区，规划内的基本菜田外，原则上不划定基本粮田，不再发展新的菜田，并逐步有序退出生产性小麦等高耗水粮食作物种植，发展旱作农业。在粮食退出区域重点推荐"生态作物+雨养旱作作物""景观作物+雨养旱作作物""多年生越冬生态作物"等节水模式种植。大力推广观赏鱼等节水养殖新品种。

3. 推广农艺技术节水

大力推广实施节水品种、镇压保墒、保护性耕作、雨养旱作、化学抗旱、测墒灌溉、抗旱播种、水肥一体化等一系列农艺节水技术措施，实现北京 150 万亩农田农艺节水技术全覆盖。实施畜禽养殖场高效集雨工程，对养殖场屋面、路面和养殖场圈舍雨水收集再利用，做到雨污分离；通过设施设备改造升级，做到工艺节水；水产养殖全面推广基于节水的工厂化改造、循环温室改造、标准化池塘改造。加大农作物灌溉制度、精量智能控制技术，以及水资源循环利用技术的研发推广力度。

4. 强化管理措施节水

强化灌溉用水标准管理，针对不同作物、不同耕作方式，制定节水的精细化标准，即按照设施蔬菜年用水量不超过 500 立方米/亩，大田作物不超过 200 立方米/亩，果树不超过 100 立方米/亩，将用水量化到地块；着重加强田间地头用水管理，完善用水机制；加强宣传与技术培训，培养和提高农民的节水观念。大力普及和推广经济实用、操作简便、效益明显的节水农业技术，不断提高节水农业的发展水平。

（八）都市现代农业服务支撑工程

以促进农业调结构、转方式和发展高效节水农业为核心，围绕都市现代农业体系建设与创新驱动的战略要求，进一步强化农业科技创新与技术支撑，提高适合都市农业发展要求的农机装备与服务水平，建立健全公益性服务与经营性服务相结合、专项服务和综合性服务相协调、一二三产高度融合和京津冀协同的新型农业社会化服务体系，为高精尖都市农业产业发展提供有力保障。

1. 构建"高精尖"都市农业技术体系

实施自主创新和原始创新，以北京市创新团队建设、农业科技城建设为载体，整合在京科技资源、人才资源、信息资源、成果资源、资本资源，创建农业科技研发中心。瞄准新的农业产业形态，着力构建与"高精尖"都市现代农业产业相适应的科技支撑服务体系。开展蔬菜、畜牧、水产安全、高效生产技术研发与推广，开展农业面源污染和畜禽养殖污染防治技术推广，加大渔业循环养殖等技术的引进和推广，加大裸露农田治理和农作物秸秆综合利用技术研究与应用。支持企业建立育繁推一体化商业育种机制，推进优质、高效、多抗、节水、广适的品种培育，开展分子标记、DH 单倍体分子等育种技术的创新，推动全国种业创新服务中心建设。

2. 构建京津冀农业协同创新链

健全京津冀协作联合攻关机制，形成跨区域、跨学科、跨专业的科研联合攻关，努力在农业共性关键技术研发、农产品安全生产、资源集约利用、生态农业技术创新等方面取得突破性成果。加大首都农业高新技术向津冀的推广辐射力度，加快农业科技成果转化，建立农业科技成果转化和交易信息服务平台，实现创新链与产业链无缝对接。依托重大科研项目、重点学科和重点科研基地，加强京津冀农业科技人才队伍建设，大力培养和引进农业科技领军人才和创新团队。

3. 开展新型农民培育

按照"科教兴农、人才强农、职业农民固农"战略要求，创新体制机制，加快建立"三位一体、三类协同、三级贯通"的职业农民培育制度。依托一主多元的农民教育培训体系，开展职业农民认定，通过培训示范引领带动，培育一大批以农业为职业、具有一定专业技能的职业农民，为都市现代农业持续健康发展提供坚实的人力基础和保障。

4. 提升农机装备支撑服务能力

着力提升节水农业、生态农业、籽种农业、"菜篮子"生产农机装备水平。加快推进全程、全面机械化，实现主要农作物生产全程机械化，设施农业、畜牧业、渔业、农产品初加工机械化全面发展。培育扶持规范化农机合作组织，推进京津冀区域农机社会化服务；大力推进农机农艺融合、农机化信息化融合，促进京津冀区域农机鉴定、技术推广服务一体化发展。

5. 建立多元服务体系

稳定农业技术推广、动植物疫病防控、农产品质量安全等公益性服务组织，加快职能转型升级，健全公益性经费保障，创新服务机制，提高服务手段，着力改善基层服务人才结构；加快构建质量安全、价格合理、服务规范、监管有力的生产资料经营服务体系；围绕社会化服务的重点领域，大力发展动植物咨询问诊、农机具作业及维修保养、种苗繁育、生物防治、农产品推介、包装和品牌设计、仓储物流、农业废弃物无害化处理和循环利用等一批专业化服务公司,鼓励企业和服务组织通过直营、加盟、资本联合等方式,加快推广合作式、承包式、订单式、代理式、保姆托管式、政府购买服务等服务模式。

(九) 都市现代农业示范工程

构建"区级现代农业示范区、乡镇级现代农业示范区(示范乡镇)、村级现代农业示范基地(特色产业村)、家庭农场和专业大户"四大"横向体系",以"十个示范区、百个示范乡镇、十五大示范生产基地、十一大示范园区"建设为抓手,全面推进国家现代农业示范区建设。

1. 区级现代农业示范区建设

在已经建成顺义、房山两个现代农业示范区的基础上,继续完成其余8个远郊区的现代农业示范区建设。到2020年,形成10个现代农业示范区。按照农业部考核评价办法,建立"目标考核、动态管理、能进能退"的管理机制和考核评价体系,做大政策支持平台,加强政策扶持;做通融资服务平台,强化金融服务;做强科技支撑平台,提升科技含量;做优品牌营销平台,促进产销对接;做深改革创新平台,增强发展活力。

2. 现代农业示范乡镇建设

围绕都市现代农业建设的重点领域,深入开展现代农业示范乡镇创建工作,进行全面的、综合的产业发展和体制机制创新,大胆试验、率先突破,为整个示范区的发展探索道路、提供经验。通过"规划先行、目标考核,区级组织、市级支持,动态管理、能进能出"的办法加强示范乡镇创建管理。通过组织现场观摩、座谈交流,搭建北京镇域农业的横向联结平台,调动乡镇主动性、创造性,实现差异化、特色化、可持续发展。到2020年,使全市的示范乡镇达到100个,成为有北京特色、地域特点,突出高端高效、绿色安全,能够引领示范、辐射带动的都市现代农业示范乡镇。

3. 特色产业村建设

结合全国"一村一品"培育和北京特色产业村建设工作,发掘优势资源,实行整村推进、整体开发,培育壮大主导产业。通过专业村的辐射带动,促进优势产业集聚。发挥产业的聚集效应,带动相关配套产业发展,延长产业链条。支持专业村镇申请无公害农产品、绿色食品和有机食品认证，鼓励具有地域特色和文化传统的产品申报驰名商标、农产品地理标志。积极组织专业村镇参加各种农产品展销展示活动，为"一村一品"特色产品搭建销售平台，鼓励和引导专业村镇与龙头企业、农民专业合作社等进行有效对接，提高产品商品化率。

4. 示范生产基地与示范园区建设

重点打造北京都市现代农业万亩示范基地、大兴设施蔬菜示范生产基地、延庆北菜园示范生产基地、房山窦店食用菌示范生产基地、顺义鲜花港示范生产基地、平谷大华山大桃示范生产基地、平谷峪口蛋鸡养殖基地、北京三元绿荷奶牛养殖基地、京东观赏鱼养殖基地、朝阳区金盏乡村休闲旅游基地、密云古北水镇乡村休闲旅游基地、通州漷县镇节水示范基地、燕山板栗示范生产基地、大兴生物医药（动物疫苗）生产基地、北京农产品中央物流基地15个生产基地。建设通州国际种业园区、房山"中国北京农业生态谷"、延庆世界葡萄博览园、昌平国家农业科技园区、丰台种业科技展示园区、顺义金马农产品加工园区、大兴庞各庄高科技农业示范园区、密云酒乡之路农业园区、怀柔冷水鱼种业园、延庆德青源健康养殖生态园、大兴旧宫首农·第六产业园11个示范园区。

（十）农业法制保障工程

以权力运行规范化、行业管理制度化、服务监督系统化、行政执法品牌化、农法文化大众化、执法手段科技化为基本原则，开展农业标规体系、农业执法体系、农法监督体系、农法文化体系建设，为首都调结构、转方式、发展节水农业提供法治保障。

1. 完善农业法律法规与标准体系

开展《北京市耕地质量保护条例》《北京市农业机械监督管理办法（修订）》和《北京市实施〈中华人民共和国渔业法〉办法（修订）》等立法调研与起草，完善农业地方法规规章体系。梳理公开农业系统"权力清单""责任清单""负面清单"3个清单，做到职权法定、权责一致、公开透明。开展农业系统行政裁量权基准制度建设，规范行政处罚自由裁量标准，确保规范执法。推进行政审批制度改革，转变政府职能，深化简政放权，提升便民服务水平。以农产品质量安全相关内容为重点，开展农业地方标准和农业企业标准的制修订工作，构建与完善具有本市特点的农业标准体系。

2. 强化农业依法行政

深化行政执法体制改革。积极推进种植、畜牧兽医、渔业、农机等行业综合执法，理顺执法体制。推进依法履职能力建设。完善市区两级农业行政主管部门、农业行政主管部门与执法机构、市区两级执法机构间的职能配置，理顺职责关系。完善行政执法级别管辖制度和属地管理责任。进一步整合基层执法力量，推动执法力量重心下移，积极有效开展农业执法，提高基层执法效能。健全行政执法协调机制。加大与天津、河北农业执法部门之间的协调与联系，建立互联互通的农业执法综合服务平台，针对影响区域协同发展的重点问题开展联合执法。加大与公安、工商、质监等部门的协调与配合，统筹部署重大农业执法活动，实现执法工作高效合作。

3. 加强农业执法监督

落实行政执法责任制，确保监督履职到位。深入开展"绿剑行动"，创新执法监督方式，推行"三线三类"诚信责任制度和"风险分级、量化监督、档案管理"的监管模式。完善农业执法程序，加大执法保障力度，改进执法手段与装备水平，提升人员素质水平，推进农业执法的规范化建设。加强农业执法奖惩机制建设，强化农业执法的内部监督和社会监督，提高农业依法行政水平。

4. 加大农业法制宣传

广泛开展以人为本、执法为民和公平正义的宣传，深化农业执法理念。深入开展农业执法示范窗口建设，推进农业执法标识标志广泛应用，提升农业执法形象；加大农业执法力度，扩大"绿剑行动"农业执法品牌效应。强化队伍培训，加大法治宣传，深化信息公开，创造良好的农业执法内外部环境，形成农业执法良好氛围。

六、保障措施

（一）完善组织保障

各区政府要结合本区实际制定相应的都市现代农业发展"十三五"规划，明晰发展目标，明确重点任务，强化绩效考核和工作督查。各部门要加强协调沟通与协作，从用地规划、基础设施建设、项目资金支持、技术指导服务、督查指导等多方面密切配合，扎实推进规划各项主要任务与重点工程高质量完成。

（二）强化政策支持

切实加大对首都现代农业的投入，优化财政资金支出结构，转变投入方式，完善都市现代农业相关扶持政策。积极探索建立基本农田补偿政策，实行基本菜田最低保有量制度和种植补贴制度，重点加大对菜篮子外埠基地建设、节水农业、生态农业、农业提质增效、农产品质量安全、新型经营主体培育、社会化服务等的支持力度，制定和完善相应的节水政策、产业政策、就业政策、金融政策等。发挥财政资金的杠杆作用，建立健全农业生态补偿机制。

（三）推进机制创新

加快转变农业发展方式，创新农业组织经营模式，建立健全社会资本投入引导机制，发展多种形式适度规模经营。加快形成有利于农业创新发展的市场环境、产权制度、投融资体制、分配制度、人才培养引进使用机制。深化农业行政审批制度改革，持续推进简政放权、放管结合、优化服务，打破部门壁垒，集中资源，聚焦政策，形成合力，提高政府效能，激发市场活力和社会创造力。

（四）深化区域合作

按照"统筹推进、联防联控、互认结果、生态优先"的基本思路，加强顶层设计，建立京津冀协同发展工作机制，进一步扩大和深化三地合作与联动，努力实现优势互补、良性互动、共赢发展。扶持黑龙江首农双河农场的发展，支持新疆和田、西藏拉萨、湖北十堰等地区农业发展，为促进区域平衡协调发展做出积极贡献。

七、环境影响评价

本规划在编制过程中，重点突出了转变农业发展方式、强化农业生态功能、服务和谐宜居之都建设的指导思想，将全面提升农业生态建设水平作为都市现代农业发展的重要目标。本规划充分体现了与《北京城市总体规划（2004—2020 年）》《北京市国民经济和社会发展第十三个五年规划纲要》《京津冀协同发展规划纲要》等上位规划在空间布局和生态环境保护目标的协调性。尽管本规划主要涉及的农业产业发展及工程建设项目总体的环境效益突出，但也存在农业化学品投入及农业废弃物造成的环境风险。因此，规划中特别强调了减缓环境影响的具体任务和措施。

（一）农业水土资源保护

北京耕地资源数量奇缺并逐年下降，水资源更加匮乏。北京市土地利用总体规划、北京水资源规划、城乡统筹规划等上位规划，分别提出了北京耕地保有量、农业用水总量等具体目标，本规划在产业布局和建设内容中严格遵循相关规划指标。为切实提高北京市水土资源利用效率，本规划设定了 150 万亩农田上图入库、农业用新水减少到 5 亿立方米左右、农业灌溉水利用系数提高到 0.75、农田有效灌溉面积达到 95% 以上、水资源利用率提高 15% 以上等具体目标。提出了提升耕地质量、加强农田水利基础设施建设，以及实施工程设施节水、结构调整节水、农艺技术节水、管理措施节水等具体任务和工程。

（二）农业面源污染防控

化肥、农药、农膜等化学投入品的不合理使用会造成环境污染，引起食品安全问题，合理妥善地解决这一问题是农业生态环境保护的重点任务。北京市农业集约化水平较高，农田单位面积化肥、农药施用量较高；尽管近年来环境监测结果没有发现大面积污染现象，但对环境的潜在威胁客观存在。本规划提出在"十三五"期间加快发展生态农业、循环农业，全面推进农业面源污染防治和农业废弃物资源综合利用的主要任务，在化肥减量、化学农药减施、秸秆全面禁烧等方面提出了具体的措施，到 2020 年实现化肥、化学农药施用量实现负增长，农用化肥和化学农药利用率分别提高到 40% 和 45%，农膜回收率达 95% 以上，农作物秸秆全部综合利用。

（三）养殖废弃物环境污染控制

畜禽及水产养殖废弃物造成的环境污染是北京市农业发展面临的突出

问题，随着近年来养殖业空间布局不断调整和治理力度持续加大，养殖废弃物对环境影响逐年减少，但依然是北京市农业环境保护工作的重点。本规划明确提出了通过规模化养殖场粪污治理和健康养殖，使全市规模畜禽养殖场畜禽粪便治理与资源化利用率达 100%，规模化养殖场全部达标排放或零排放的努力目标。另外，规划将发展循环农业和农村可再生能源作为重点，有效提高养殖业废弃物资源化利用效率和效益。

（四）农业温室气体减排

农业温室气体排放也是全球气候变化的重要影响因素之一，提高农业碳汇能力及减少农田生产、畜禽养殖的温室气体排放是北京市"十三五"都市农业发展的重要目标。规划将发展循环农业与低碳农业作为重点工程进行实施，将大力示范应用减量化、再循环、再利用低碳农业技术，促进农业的可持续发展。

文件来源：《北京市人民政府公报》2017 年第 10 期

附录 2　京津冀现代农业协同发展规划（2016—2020 年）

（精简版）

2016 年 3 月，经商京津冀协同发展领导小组办公室同意，农业部、国家发展改革委、工业和信息化部、财政部、交通运输部、商务部、中国人民银行、中国银监会八部门联合印发《京津冀现代农业协同发展规划（2016—2020 年）》。

一、总体思路

（一）指导思想

深入贯彻落实党的十八大和十八届三中、四中、五中全会精神，坚持"四个全面"战略布局，牢固树立创新、协调、绿色、开放、共享的发展理念，立足京津冀资源禀赋、产业特色、环境关联、经济差异的现实，以促进京津冀传统农业向现代农业转型升级为目标，以统筹生产保供给、互动协作保安全、联防联控保生态、提质增效促增收为主攻方向，以推进产业、市场、科技、生态、体制机制、城乡协同发展为重点，着力深化改革创新、破除体制机制障碍，着力推动生产要素合理流动与资源高效利用，着力疏解农业产业非首都功能，着力探索一二三产融合发展新方向、协同发展新模式、"四化同步"新路径，提升京津冀现代农业发展的总体水平，使之成为引领全国现代农业发展的示范区，努力形成目标同向、措施一体、优势互补、利益相连的现代农业协同发展新格局，建立以工促农、以城带乡、工农互惠、城乡一体的新型工农城乡关系，为区域一体化发展提供基础支撑。

（二）发展目标

到 2020 年，京津冀现代农业协同发展在产业融合水平、协同创新能力、基础设施建设、农业资源利用效率、协同发展效益五方面取得明显进展。基本实现产业发展互补互促、科技平台共建共享、生态环境联防联控、资源要素对接对流，在经济社会发展中的基础地位更加巩固。其中，京津农业率先基本实现现代化，率先实现"三农"协调发展，率先实现"四化"同步发展；河北农业建设取得重大进展，部分地区、部分行业跨入农业现代化行列，生态屏障功能进一步增强。

二、重点任务

发挥比较优势，推进产业协同。按照稳粮保菜、扩特强果、优牧精渔、加工提质、休闲增收的思路，优化粮食、蔬菜、林果和畜禽产业布局，推进农业标准化、规模化、产业化、绿色化发展。积极发展休闲农业和乡村旅游，推进农业与旅游、教育、养老等产业深度融合。构建服务大都市、互补互促、一二三产业融合发展的现代农业产业结构。完善流通体系，推进市场协同。构建集散结合、冷链物流、产销对接、信息畅通、追溯管理的现代农产品市场流通网络。大力实施农业物联网区域试验工程，建设部省纵横联通的农产品市场信息服务平台，加快构建环京津 1 小时鲜活农产品物流圈。发展农业直营直销和电子商务，引导各类农业生产经营主体与电商企业对接，推进电商企业服务"三农"进程。创新资源配置，推进科技协同。构建开放、畅通、共享的科技资源平台，建立工作、项目、投资对接机制，推动综合服务平台互联互通。建设区域农业科技创新联盟（中心），支持鼓励区域内农业科技人才合理流动，探索完善科研成果权益分配激励机制，完善农业科技成果转化和交易信息服务平台，推进三地农业技术市场一体化建设，促进成果共享共用。加强资源保育，推进生态建设协同。严格水资源管理红线，实施农业用水量和效率指标控制，在地下水超采区逐步减少超采水量。突出抓好农业重点领域面源污染防治，开展种养结合循环农业试点示范，建设高产高效生态农业示范区和海洋牧场示范区。建立健全生态补偿长效机制，建设国家生态循环农业综合试点县，构建区域生态屏障。深化农村改革，推进体制机制协同。支持区域内用 5 年左右时间基本完成农村土地承包经营权确权登记颁证，并与不动产统一登记工作做好衔接。积极推动农户承包土地经营权等农村产权交易流转综合服务与管理平台互联互通，推进农村集体产权股份合作制改革试点。研究辐射京津冀三地的农村信贷担保体系。开展农村土地征收、集体经营性建设用地入市、宅基地制度改革试点。建设美丽乡村，推进城乡协同。同步推进三地城乡基础设施建设，加大公共财政向农村基础设施的倾斜力度，加快打造美丽宜居的新家园。统筹发展农村基层综合公共服务平台，推进教育、文化、卫生、警务等公共服务设施的共建共享和综合利用。在适宜乡村建设生产体验、民俗展示、文化创意、旅游接待等综合设施，传承农耕文化。

三、发展布局

立足京津冀资源禀赋、环境承载能力和农业发展基础，按照核心带动、梯次推进、融合发展的思路，将京津冀三地农业发展划分为"两区"，即都市现代农业区和高产高效生态农业区。

都市现代农业区是京津冀现代农业发展的核心区，包括京津和河北省环京津的 27 个县市。该区域以发展都市现代农业为主攻方向，突出服务、生态、优质、科技、增收、传承六大功能，着力推进五项重点任务：以"调粮增菜、扩果控畜"为重点，优化农业产业结构，强化京津"菜篮子"产品供给保障能力；大力发展生态循环农业，着力打造环京津生态保育圈；积极发展主食加工业和农产品物流业，建设布局合理、快速便捷的加工物流网络；以种业、信息化为重点，打造农业科技创新高地；稳步发展休闲农业、传承农耕文明，满足居民健康生活需求。着力打造服务城市、宜居生态、优质高效、科技创新、富裕农民、传承农耕文明的农业，实现农业田园景观化、产业园区化、功能多元化、发展绿色化、环境生态化，发挥率先突破、引领带动作用。

高产高效生态农业区是京津冀现代农业发展的战略腹地，包括河北省146 个县（市、区）。该区域以承接都市现代农业区产业转移、强化支撑保障、促进转型发展为主攻方向，突出优质高效、加工物流、生态涵养三大功能，着力推进五项重点任务：即以山前平原区为主建设粮食等重要农产品生产基地，提高京津冀都市群"米袋子""菜篮子"产品供给能力；以黑龙港地下水超采区为主发展高效节水型农业；以冀北坝上和接坝地区为主建设高原特色农牧业；以太行山、燕山为主建设山区生态农业，为建设京津冀都市群生态安全绿色屏障提供有力支撑；以环渤海地区为主打造沿海水产经济带，保护近海水域渔业资源和生态环境。着力打造服务都市的产品供给大基地、农业科技创新成果转化大平台、农产品加工物流业转移承接大园区、生态修复和环境改善大屏障。

四、保障措施

为确保各项目标任务落实，"十三五"期间，规划实施"菜篮子"生产和安全保障、农业生态环境建设、科技创新能力条件建设、中央厨房示范、信息化助农建设、休闲农业提档升级、农产品流通体系建设七大重点工程，加强区域农产品物流便利化、科技协同创新、农产品质量安全联合监管、重大动植物疫病联防联控、融资担保五方面协同机制探索。

附录3 北京市关于进一步加强与周边地区合作 促进区域协调发展的意见

为贯彻落实国家区域发展总体战略，进一步深化本市与周边地区合作，促进区域的共同发展与繁荣，结合北京经济社会发展实际，现提出如下工作意见。

一、指导思想

深入贯彻科学发展观和构建社会主义和谐社会重大战略思想，认真落实国家区域发展总体战略和京津冀都市圈区域规划，按照"政府推动、市场主导、社会参与、共同发展"的原则，进一步完善区域合作机制，扩大合作领域，在继续推进水资源和生态保护合作的同时，注重加强市场和产业领域合作；在加大政府支持力度的同时，注重引导企业和社会广泛参与；在开展经济支持与合作的同时，注重开展智力方面的支持与合作，努力开创本市与周边地区合作发展的新局面。

二、加快道路连接工程建设，畅通经济交流通道

交通不畅是制约周边地区发展、影响产业合作的重要因素。要加快北京连接周边地区的道路建设，搞好京承、京开、京平、京包高速公路建设和国道108、109、111的提级改造，抓紧建成徐尹路、通香路、密兴路等对接公路。积极支持张石高速公路等周边地区交通工程建设，积极开展京石第二高速公路北京段的前期工作，配合做好密涿高速及支线公路规划安排的衔接协调工作，畅通与周边地区的经济交流通道。

三、加快市场对接，支持周边地区农副产品进京

周边地区具有发展农牧产业的丰富资源和蔬菜错季上市的有利条件，本市有着巨大而稳定的农副产品市场需求。要进一步加强与周边地区的农副产品市场合作，支持北京企业扩大在周边地区的农牧产品生产基地，逐步将本市的生猪、肉牛、奶牛、蛋禽等畜牧业养殖基地向周边适宜发展的地区转移。支持当地发展农业专业合作组织，带动周边地区加快农牧业产业化进程。共同搭建农副产品信息交流平台，推进周边地区农副产品生产与北京市场的衔接，建立和完善保定、张家口、承德等地区的农副产品进京绿色通道。

四、扩大产业合作，促进当地经济发展

周边地区特别是张家口、承德两市，具有发展风力发电、钒钛产品、农牧产品深加工等产业的资源条件和机械制造、食品加工等方面的工业基础。要积极引导和支持本市企业开发利用当地资源和市场，参与当地重大产业项目建设。积极发展研发销售在京、生产基地在周边地区的布局模式，将产业链延伸到周边地区。积极支持周边地区发展商贸、物流等现代服务业，充分发挥重大产业项目对当地经济的带动作用。

五、搞好生态环境保护合作，促进区域可持续发展

完善水资源合作机制，继续发挥京张、京承水资源环境治理协调小组作用，支持张家口、承德地区治理水资源环境，发展节水产业。支持周边地区生态水源保护林建设，近期重点支持河北丰宁、滦平、赤城、怀来4县营造生态水源保护林，并根据实施效果逐步扩展保护林营造范围。支持周边地区森林防火和林木有害生物防治设施建设，与周边地区共同建立森林保护联防联动合作机制。实施"稻改旱"工程，落实对退稻农户的收益损失补偿，并采取提供籽种、产业示范、订单农业等多种方式，支持张家口、承德地区发展玉米制种、绿色蔬菜、食用菌、中草药等高附加值的节水作

物。支持张家口、承德地区推广使用沼气，保护林业资源，改善生态和卫生环境。

六、扩大旅游合作，促进当地农民增收

扩大旅游合作，既是促进周边地区生态产业发展的重要途径，也是增加当地农民收入的有效手段。将周边地区旅游景点纳入本市旅游景点推介范围，开展联合促销。发挥媒体优势，为周边地区旅游景点扩大宣传提供优惠优质服务。协助搞好业务培训，提高旅游从业人员素质。合作制定旅游规划，共同打造精品旅游线路，引导北京客源将旅游延伸到周边地区。支持本市企业参与周边地区的旅游资源开发和配套设施建设。

七、加强科技支持，提升周边地区产业水平

充分发挥首都科技资源密集优势，加大对周边地区科技支持力度。通过提供先进适用技术，帮助周边地区发展新型产业，改造和提升传统产业，实现资源的高效清洁利用。积极推广先进的种植、养殖、病虫害防治及农副产品深加工技术，促进当地土地增效、农户增收。

八、加大智力支持力度，扩大劳务培训合作

提高劳动者素质和技能是促进周边地区脱贫致富的有效途径。要加强对周边地区的教育支援，特别是积极支持当地发展职业教育。采取提供师资、联合办学等多种形式，在周边城市创办各类职业学校。与周边地区建立以市场为导向的劳务合作机制，加强劳动力供求信息交流和就业引导。完善劳务培训合作机制，支持当地针对北京市场和当地发展需求，采取订单培训和一般就业培训等方式，提高周边地区劳动力的职业技能和文化素质。

九、加强政策引导和资金支持，推动合作深入开展

建立支持周边地区发展的财政支持增长机制。市财政安排资金，重点用于本市企业与周边地区的产业合作项目贷款贴息和对周边地区的技术支持（含提供籽种、种禽、种畜）、劳务技能培训、旅游景点宣传推介等具有带动作用的领域。2007 年安排财政资金 1000 万元，并以此为基数，在"十一五"后三年（2008—2010 年），按照市人代会批准的全市财政收入增长幅度递增。

十、加强交流沟通，健全合作机制

加强与周边地区交流与沟通，建立健全双方部门及相邻区县间的联系沟通机制，共同做好有关合作和支持项目的组织、协调、服务。积极引导社会各界采取各种形式关心和支持北京周边地区的发展。

进一步深化本市与周边地区合作，促进区域的共同发展与繁荣是全面落实科学发展观、加快构建社会主义和谐社会的战略要求，是完善首都功能，建设首善之区，促进北京经济社会可持续发展的内在需要。全市有关部门和单位，要切实提高认识，各负其责，认真研究和落实各项合作措施，促进与周边地区协调发展和共同繁荣。

文件来源：《北京市人民政府公报》2008 年第 11 期

附录4 以新理念引领京津冀 现代农业协同发展

——京津冀协同发展与农业现代化研讨会综述

2016年7月27日，农业部农村经济研究中心、北京市农村经济研究中心联合在京举办京津冀协同发展与农业现代化研讨会。国家机构和全国政协有关负责同志，京津冀三地农村工作综合部门的主要负责同志，以及部分高校和科研院所的专家学者，认真学习习近平总书记重要指示精神，贯彻落实《京津冀协同发展规划纲要》和《京津冀现代农业协同发展规划（2016—2020年）》战略部署，以"京津冀协同发展与农业现代化"为主题，以创新、协调、绿色、开放、共享发展理念为引领，围绕协同推进京津冀农业供给侧结构性改革、加强京津冀现代农业合作与交流有关重大问题开展深入研讨。归纳大家意见建议，主要有以下3个方面。

一、以推进农业供给侧结构性改革为主线，着力夯实京津冀现代农业发展基础

推动京津冀现代农业协同发展，首先是京津冀三地都要从全局的角度，把握各自农业现代化的方向与重点，夯实好现代农业的发展基础。

与会专家一致认为，必须从整个中国特色农业现代化道路的高度去认识把握京津冀协同发展现代农业的重点任务。第一，要深刻理解中央关于"推进农业供给侧结构性改革，提高农业综合效益和竞争力，是当前和今后一个时期我国农业政策改革和完善的主要方向"的重要论断，把京津冀协同发展现代农业的重点，放到着力推进农业供给侧结构性改革上。第二，要认真贯彻《中华人民共和国国民经济和社会发展第十三个五年规划纲要》的决策部署。从增强农产品安全保障能力、构建现代农业产业体系和生产

经营体系、提高农业技术装备和信息化水平、完善农业支持保护制度等方面，深刻认识和把握京津冀协同发展现代农业在推进中国特色农业现代化布局中的地位和作用。第三，要落实和执行《深化农村改革综合性实施方案》，农业现代化不单是一个发展问题，也是一个改革问题。农业现代化的推进涉及各个领域的改革，要认真研究和大力推进农业经营制度、农业支持保护制度、农村集体产权制度、城乡发展一体化体制机制和农村社会治理制度等方面的改革。

与会专家指出，当前和今后一个时期，京津冀三地推进农业现代化，应紧紧抓住构建现代农业"三大体系"这个重点。现代农业"三大体系"是对现代农业内容的一个完整描述。现代农业产业体系是现代农业的结构骨架。构建现代农业的产业体系，重在调整优化农业内部结构、农业区域结构、延长农业产业链条，提高农业的整体素质、效益和竞争力。现代农业生产体系是现代农业的动力支撑。构建现代农业的现代农业生产体系重在提高农业的科技和物质装备水平，用现代生产手段装备和改造农业，提高农业的生产效率。现代农业经营体系是现代农业的运行保障。构建现代农业的经营体系，重在培育新型经营主体、职业农民队伍，以及充分发挥多种形式规模经营的示范引领作用，提高农业整个产业活力。必须把农业与资本结合、农业与科技结合、农业与装备结合、农业与市场结合、农业与品牌结合、农业与标准结合、农业与区域优势结合的"七个结合"，作为推进农业现代化的重要路径。

与会专家强调，河北是京津冀协同发展中的短板，河北的农业农村发展是短板中的短板。打赢河北的脱贫攻坚战，与京津冀协同发展尤其是协同推进农业现代化是不可分割的，而且是很重要的一部分。打赢河北的脱贫攻坚战，一定要充分发挥北京、天津的带、帮、扶作用，处理好市场与政府的关系，发挥好市场配置资源的决定性作用与政府的社会动员能力、协调能力；要推动开发扶贫与社会保障双轮齐驱，尤其是要将精准扶贫和医疗救助脱贫的体制机制创新有效结合起来；要瞄准、找准扶贫对象，真正发挥扶贫项目作用、提高扶贫资金效率。

与会专家表示，厘清京津冀现代农业协同发展思路，要以经济结构调整、空间结构调整、制度结构调整为导向。以经济结构调整为导向，全面深化京津冀农业供给侧结构性改革，走以科技支撑的内涵式现代农业发展道路，推动京津冀农业形成定位清晰、结构合理、功能互补的一体化现代农业产业体系，实现区域农业整体提质增效和转型升级。以空间结构调整为导向，加快建设京津冀都市现代农业圈，推动形成京津冀都市现代农业区和高产高效生态农业区，实现生态建设协同发展。首都的农业发展要注重发挥生态功能作用，依托生态优势资源，加快休闲、观光、体验、度假等农业生活功能的建设，使其成为生态服务价值的主要增长点。以制度结构调整为导向，深化以农村土地制度改革、农村集体经济组织产权制度改革、农村金融制度改革为重点的各项农村改革，建立健全京津冀现代农业生产经营体系和服务体系，以推进农业农村治理现代化的要求，加大农业制度供给，用制度创新推动京津冀现代农业协同发展。

二、以五大新发展理念为引领，统筹推进京津冀农业现代化

与会专家指出，推进京津冀现代农业协同发展，一定要以创新、协调、绿色、开发、共享五大新发展理念为引领，在清醒认识京津冀资源禀赋、产业特色、环境关联、经济差异的现实基础上，把京津冀现代农业协同发展放在京津冀协同发展战略大背景下思考谋划，通过深化改革创新，破除体制机制障碍，推动京津冀三地农业生产要素合理流动和资源高效利用，努力提升京津冀现代农业发展的总体水平。

与会专家一致认为，推进京津冀现代农业协同发展，必须把握好"三个难点"。第一个难点是要解决好"填空"问题。要把京津冀现代农业协同发展放在京津冀协同发展战略大背景下考虑，处理好京津冀协同发展下的农业现代化和京津冀协同发展的关系，在以"一核、双城、三轴、四区、多节点"为骨架的区域空间布局中，找准位置，抓住机遇，做好填空。第二个难点是要解决好"差距"问题。京津冀三地在经济发展基础、资源禀赋条件、农业现代化水平上都存在较大的差距和差异，要客观承认差距，利用好差异，把京津的需求和河北的机会捆绑在一起，三地以开放共赢的心态共同探索协同发展路径。第三个难点是要解决好"分类"问题。农业是一个大产业，其中包含多种类别行业，需要进一步对农业进行细分。立足不同区域的资源禀赋条件和环境约束要求，发展适合的农业形态，最大

程度地发挥农业的多功能性。

与会专家特别强调，推进京津冀现代农业协同发展，一定要深入开展"三个合作"。一是农业生态环境的合作。京津农业要摒弃过去以"淘汰落后产能"为实质的区域合作方式，真正建立起以"生态建设协同发展"为实质的区域合作模式。京津疏解的是在当地不好发展、资源不够用的产业，不是高污染、高耗能的落后产业，转出去的产业一定要符合绿色发展要求，确保河北的生态安全，确保整个京津冀地区的生态环境安全。二是农业科技资源的合作。京津地区有密集的科技力量，要想办法让河北能够共享京津地区的农业科技资源，并且从农业科技资源中派生出一系列都市需要的农业产业。三是农业市场的合作。市场在全世界都是稀缺资源。一方面，京津要向河北开放农产品市场；另一方面，要想办法让京津的市民打开河北的农村旅游市场，买服务、买休闲、买产品。在京津冀区域范围内构成一种双向的城乡流通格局，促进京津冀之间逐渐形成一种相互融合、合作共赢的发展格局。

与会专家指出，推进京津冀协同发展背景下的农业现代化就是要促进资源优化配置和要素合理流动。从当前来看，《京津冀现代农业协同发展规划（2016—2020年）》提出到2020年基本实现产业发展互补互促、科技平台共建共享、生态环境联防联控、资源要素对接对流的目标，具有很强的针对性和指导性。落实这个发展目标要重点做好四项工作：一是在产业发展方面，要更充分发挥京津市场的导向作用，发挥河北丰富的农业资源优势，利用好路网和物流设施，按照一二三产业融合发展的思路来推进产加销一体化。二是在科技平台方面，要以区域科技联盟为依托，重点在新品种的培育、资源节约关键技术的研发、互联网的农业应用等领域推出一批成果，形成农业大数据中心以及种业硅谷等农业科技高地。三是在生态环境方面，要在水资源保护、森林草原资源养护的基础上，协同控制农业秸秆焚烧，共同建立动植物疫病的联防联控体系，深入推进京津冀农业安全合作，特别是农产品质量安全的追溯合作。四是在资源要素方面，要通过健全流通物流体系，使河北优质安全的农产品快捷、便利地进入京津市场。要通过体制机制创新，促进京津优质的资金、人才、技术流入河北，推进河北的农业现代化，真正实现要素的互补互促。

与会专家指出，推进京津冀协同发展背景下的农业现代化，重点要

"一起调、联手转、大力节、协同改、共同赢"。"一起调"是践行协调理念，形成分工协作、错位发展的农业产业布局。北京调减一般农业生产规模，并不是要把低端低效的农业转到外埠，而是坚持互惠互利、落后的生产模式就地淘汰原则，确保转移的农业产业要达到当地的发展要求，能带动当地发展。"联手转"是践行创新理念，形成创新引领的农业发展方式。通过创新发展理念、创新发展模式、创新科技应用，协同推进农业的生产方式、经营方式和服务方式的转变，推进农业与先进生产要素、其他产业的紧密融合，推动京津冀成为全国科技型现代农业的高地。"大力节"是践行绿色理念，形成环境友好的资源利用方式。围绕节水、节肥、节药，大力发展高效节水农业，减少化学肥料和农药的使用量，加强农业面源污染治理，加强秸秆综合利用，加强京津冀在资源保育、农业生态建设等方面的共治共建共享。"协同改"是践行开放理念，形成统一高效的市场经济格局。通过开放市场、开放技术、开放心态，协同推进农业供给侧改革，提高农业生产对市场变化的适应性和灵活性。"共同赢"是践行共享理念，形成公平高效的利益分配格局。通过协同发展，实现政府、企业与群众的多方共赢。

与会专家认为，农村发展现代农业，实施扶贫开发、脱贫致富的驱动力在于基层群众的创新。发挥人的力量，将技术创新和制度创新有机地结合起来，是农村和农业可持续发展最深厚的底蕴。河北的农业和农村如果能够留住本地人才，能够吸引京津地区的人才流向河北、流向河北的农业和农村，京津冀农业现代化协同发展才有最深厚的底蕴，才有望在 2020 年实现预定的目标。

三、以推进"六个协同发展"为重点，努力提高京津冀现代农业综合效益与竞争力

专家认为，实现京津冀现代农业协同发展，要贯彻落实好《京津冀现代农业协同发展规划（2016—2020 年）》这个顶层设计。三地应在京津冀现代农业发展布局中找准自身定位，以推进产业协同、市场协同、科技协同、生态建设协同、体制机制协同、城乡协同为重点，加强工作机制协同与政策协同，努力提高京津冀现代农业综合效益与竞争力。

　　参会的北京代表指出，"统筹生产保供给、联防联控保安全、互动协作保生态"是北京在推进京津冀现代农业协同发展中的出发点和落脚点。北京在贯彻落实《京津冀现代农业协同发展规划（2016—2020年）》中，着重从产业协同发展、信息协同发展、安全协同发展、科技协同发展和生态协同发展5个方面入手，一是通过加强北京与张家口蔬菜产销合作、支持北京企业建设外埠种养殖基地、加强畜牧业与河北的转移对接、推介京津农产品进入北京市场，促进京津冀农产品市场融合发展。二是通过收集完善京津冀农业市场信息资源、签订《京冀农产品市场信息合作框架协议》，推动京冀两地农业信息平台建设标准、信息采集标准的统一化。三是通过共建京津冀植保管理系统，开展跨省级行政区域的种业联合执法、水生野生动物及其制品经营利用执法以及水产品质量安全监管联合执法等工作，稳步推进京津冀农产品质量安全源头管理。四是通过建立跨区域科技产业联盟、明确北京市农林科学院承担区域农业科技创新主体责任，推动三地农林科学院合作共建科技创新联盟，切实让北京的科技资源惠及天津和河北中北部主要城市。五是通过联合开展土壤生态治理、京冀渔业资源增殖放流和渔政执法、绿色防控基地建设，探索京津冀生态联防联控。

　　天津与会代表介绍，天津在京津冀现代农业协同发展中的定位是建设以绿色、高档、特色为优势的京津冀都市圈"菜篮子"产品供给区，以现代种业、生物农业、信息农业为重点的农业高新技术产业示范区，以健全的流通体系、现代化的流通方式为特征的农产品物流中心区。围绕"三区"建设，天津将从重点开展5项工作。第一，加快三地的产业转移协作，共同推进农产品安全保障体系建设，推进休闲农业合作发展，打造现代都市型农业体系。第二，全力推进农业高新技术产业创新，做强天津现代种业体系、打造京津冀种业硅谷，大力推进智慧农业建设，建立农业科技联合创新高地。第三，实施农产品物流中心区构建工程、产销对接工程、农产品电子商务示范工程，对内与京冀共同推进冷链物流建设，推动"网农对接"，加强区域市场的协同发展；对外打造农产品物流沿海发展带，建设国际农产品进出口基地。第四，建设三地生态屏障，促进三地生态共建、协同治理农业面源污染，构筑京津冀生态后花园。第五，联合京冀共同做好农民增收和困难群体帮扶工作，推进城乡统筹，全面提升农民生活水平。

　　河北参会代表指出，在推进京津冀现代农业协同发展中，河北始终以积极承接转移、借力推动河北现代农业发展为出发点，以满足京津冀大市场优质安全农产品需求为主攻方向，以高效、优质、生态、品牌农业发展为重点，努力与京津共同打造引领全国现代农业发展的示范区。突出抓好10方面工作，努力夯实自身的农业发展基础。第一，建设环京津、环省会蔬菜保障基地，发展适度规模养殖，推进标准化健康水产养殖，强化"菜篮子"产品供给保障能力。第二，着力打造生鲜乳河北原产地品牌，重点支持首农集团河北三元食品有限公司、君乐宝等奶业龙头企业做强，筹办好全国第二届奶业20强峰会，加快推进河北奶业振兴。第三，积极推进农产品加工业倍增计划，支持建设储藏、烘干、冷藏等产地初加工设施，做大做强农产品加工业。第四，加强京津冀农产品质量安全联防联控，推动三地农产品产地准出和市场准入管理制度有效衔接，不断强化农产品质量安全。第五，积极承接京津市场功能转移，发展现代流通方式，共建环京津1小时鲜活农产品物流圈，强化农产品市场流通。第六，与京津合作建立休闲农业产业联盟，共同打造休闲农业精品线路、特色主题活动，集中打造特色小镇和旅游专业村，力促休闲农业提档升级。第七，全力推动节水农业发展。第八，狠抓农村清洁能源开发利用。第九，实施坝上草原生态建设行动。第十，积极推进农业科技创新。

加强工作机制协同与政策协同，成为三地推进京津冀现代农业协同发展的共同诉求。与会专家一致认为：第一，在国家层面，加强对农业大数据建设、农村土地利用、农业科技人才流动、农业布局规划等重点领域的协调推动，解决地方能力不足的问题。第二，重点健全协同推进京津冀农业现代化的政策体系，建立省市级层面的京津冀农业协同发展决策咨询机构，吸纳政府、相关部门、机构负责人和各界精英参加，负责重大战略部署、任务安排、政策制定等的决策咨询。第三，尽快建立完善区域生态补偿机制，实施差别化的补偿政策。研究建立区域间产业项目合作补偿机制，共同设立生态补偿基金，最大限度保护农民利益。

与会专家强调，探索建立有利于贫困人口的生态环境保护补偿机制，创新生态资金使用方式，利用生态补偿和生态环境保护工程资金，支持有劳动能力的部分贫困人口就地转为生态保护专职人员。建立贫困地区资源开发收益分配机制，给予被占用土地等资源的贫困村集体一定股权。加快建立更加有利于贫困人口稳定发展的生态补偿机制。

北京种子大会

第三届北京农业嘉年华开幕式

2015年中国马铃薯大会

北京设施农业

北京设施农业

首农集团产品展示

安徽省金寨县名茶六安瓜片北京推介活动

京承农业扶贫战略合作暨"承德山水"农产品区域公用品牌推介会议

内蒙古扎赉特旗农产品北京推介会

京承农产品加工合作

张家口康保牧场

张家口康保牧场